自然图解系列丛书

绚丽的矿物、岩石与化石

自然图解系列丛书

绚丽的矿物、岩石与化石

［西］卡门·马图尔·埃尔南德斯　著

张迪昕　译

中国科学技术出版社
·北　京·

图书在版编目（CIP）数据

绚丽的矿物、岩石与化石 /（西）卡门·马图尔·埃尔南德斯著；张迪昕译. —北京：中国科学技术出版社，2022.10

（自然图解系列丛书）

ISBN 978-7-5046-9831-5

Ⅰ. ①绚… Ⅱ. ①卡… ②张… Ⅲ. ①矿物—青少年读物 ②岩石—青少年读物 ③化石—青少年读物 Ⅳ. ①P57-49②P583-49③Q911.2-49

中国版本图书馆 CIP 数据核字（2022）第 202087 号

著作权合同登记号：01-2022-5434

策划编辑	王轶杰
责任编辑	王轶杰
封面设计	锋尚设计
正文排版	锋尚设计
责任校对	吕传新
责任印制	李晓霖

出　　版	中国科学技术出版社
发　　行	中国科学技术出版社有限公司发行部
地　　址	北京市海淀区中关村南大街 16 号
邮　　编	100081
发行电话	010-62173865
传　　真	010-62173081
网　　址	http://www.cspbooks.com.cn

开　　本	889mm×1194mm　1/16
字　　数	200 千字
印　　张	10
版　　次	2023 年 2 月第 1 版
印　　次	2023 年 2 月第 1 次印刷
印　　刷	北京瑞禾彩色印刷有限公司
书　　号	ISBN 978-7-5046-9831-5 / Q·237
定　　价	128.00 元

目录

前言

当提到地球所蕴藏的自然宝藏时，我们的脑海中会立即浮现出动物和植物的模样。但除了动植物，自然宝藏也还蕴含着许多其他的元素。它们也许不太鲜明，但和动植物同样重要。这正是我们要叙述的——矿物质和岩石。

从人类起源伊始，人们一直对石头和矿物充满兴趣。一方面为了获取用于制作工具和武器的金属，另一方面为了获取耐腐蚀的建筑材料。同时，人们没忘记石头还有一个作用——足够精美的石头，可以作为装饰品，或作为权力和财富的象征。回顾那些最古老的文明，我们会发现，这些文明的进步总是与金属矿藏的存在和开采息息相关。想想那些古埃及人如此看重的黄金，正是他们从尼罗河上游的努比亚矿区开采出来的；再看看那些从塞浦路斯岛上开采出来的铁矿石以及从雅典附近的劳里昂所开采出来的银矿石。而这些，不过是其中的几个例子罢了。

古罗马作家盖乌斯·普林尼·塞孔都斯的《自然史》是最早一批涉及对矿物及其特性进行描述的著作之一。这部著作由拉丁文写成，发表于公元74年。阿拉伯自然科学家阿维森纳在公元1000年也发表过一篇关于矿物的有趣论文。直到15世纪上半叶，德国人文主义者——格科·鲍尔（也被称作格奥尔格乌斯·阿格里科拉）完成了一部开创性著作《论矿冶》。他在书中首次提出并探讨采矿技术、冶金技术、自然环境与矿物形成的联系。同时，他也是根据矿物的化学成分来对其进行分类的第一人。

从那时起，人们对这些自然资源的认知获得了空前的进展。众所周知，矿物和岩石并非是静止的，而是经历了一个持续的生长和被破坏的过程。鉴于这些变化背后的物理和化学规律都并不陌生，人们已经对各种不同矿物、岩石和宝石，及其实际用途进行了研究。本书正是通过简明易懂的文字和配图，深入浅出地为读者们讲解这些矿物和岩石的信息。

除此之外，我们还在本书中加入了一些专门讨论化石的章节。希望能以此赋予本书更多的价值。

愿本书和该领域的相关研究，能有助于我们更好地了解我们赖以生存的星球为我们提供的宝贵自然资源。

坦桑石

矿物

　　矿物是由地壳中的天然地质作用形成的无机结构。其特点是：有内部结构、化学成分和具体且明确的物理特性。到目前为止，人们发现的各种矿物已经接近5500种。尽管如此，新的矿物仍在接连不断地被发现。

　　大自然的丰富性和多样性使得我们很难为其所创之物制定一套始终如一的定义和规则。矿物也是如此。在众多矿物中，我们总能找到不完全与规则吻合的例子。一般来说，正如前文所述，一种物质要能被称为矿物，必须满足以下条件：

* 要有天然的来源。这就是说，任何在实验室诞生的物品，比如说人造钻石、人造宝石等都应被排除在矿物之外。
* 矿物必须是一种固体物质。而原生汞是唯一的例外，它要到-39℃才会结晶。
* 矿物的化学构成必须是固定的。这就是说，它应该能够用一个化学式来表达。尽管这种化学式或许会在某些情况下产生一定变化，比如说一种元素替代另一种元素而产生的化学作用、杂质的存在或离开其产地而导致的水化及脱水化。
* 矿物必须有一个特定的内部结构。一般来说，矿物都是晶体结构，但由于研究方法的技术进步，人们把一些非晶体物质也认作矿物。
* 矿物的形成过程通常是非生物性的。也就是说，它不是生物活动的产物。但事实上，人们已经承认由地质作用产生的生物性物质（生物矿物）也属于矿物的一种。

液态的水同样不是矿物。然而，当水处于固态——冰的时候，则属于矿物。

波罗的海琥珀是一种源自植物的树脂化石。按照现行分类规则，它属于生物矿物的一种。

情况类似的还有液态矿物晶体。液态矿物晶体同时具有固体和液体的特性，同时，它主要来源于生物。

紫水晶（上图）和黄水晶（下图）是同一种矿物——石英的不同品种。不论是紫水晶还是黄水晶，它们都有一系列有别于其他矿物的特征和属性，比如说它们的颜色，又或是存在其他元素的痕迹，如铁或铝。

矿物的特性

矿物有许多可衡量且稳定的特性。正是因为这些特性，我们能够区分不同的矿物。一般来说，这些特性主要可以分为4种：

- 物理特性。矿物的物理特性取决于其本身的构成和结构。比如晶体结构、习性和密度。
- 机械特性。矿物的机械特性是由其对压力的反应所决定的。比如硬度和断面。
- 光学特性。矿物的光学特性取决于它与光的互动性。比如颜色或光泽。
- 化学特性。矿物的化学特性用于评估该矿物与其他化合物的反应，如溶解度。

部分情况下，同一矿物的晶体并非孤立地生长，而是成群结队地生长。在这种情况下，这些晶体被称作双晶。在上面的图片中，正是一对双尖晶石。

晶系	轴线	角度	常见形状
立方晶系	a = b = c	α = β = γ = 90°	正方体、八面体、四面体
六方晶系	a = b ≠ c	α = β = 90°；γ = 120°	六棱柱和六棱锥
三方晶系	a = b = c	α = β = γ = 90°	三棱柱
四方晶系	a = b ≠ c	α = β = γ = 90°	四棱柱和四棱锥
斜方晶系	a ≠ b ≠ c ≠ a	α = β = γ = 90°	斜方柱和斜方双锥
单斜晶系	a ≠ b ≠ c ≠ a	α = γ = 90°；β ≠ 90°	单斜柱和单斜锥
三斜晶系	a ≠ b ≠ c ≠ a	α ≠ β ≠ γ ≠ 90°	斜三棱锥

具有不同结晶形式的3种矿物（从左到右）：电气石（六方晶系）、朱砂（四方晶系）和天青石（斜方晶系）。

晶体结构

所谓晶体结构，指的是矿物中的离子、原子和分子按既定顺序的内部排列。含有晶体结构的矿物被称为结晶。

矿物中的这些晶体元素构成各自的网络或晶格，不同的化学物质构成不同的网格或网络。而这些网络或网格基本上由其对称性所定义：轴（a、b、c）、轴之间的角度（α、β、γ）、平面和对称中心。

所有这些对称元素在晶体中单独或一起出现，最多有32种可能的结合方式或者说晶体类别，可以分为7个组别或系统，如上表所示。

晶体结构对矿物的特性影响巨大。比如说，钻石和石墨，这两种矿物是碳的两种矿物形式。前者在立方体系统中结晶，是最坚硬的自然物质，具有金刚砂的光泽；而后者在六方体系统中结晶，非常柔软，并且有很强的抗腐蚀性。同时，具有金属或泥土的光泽。

形状或习性

晶体习性用于描述矿物的外观和形状。它可以反映出晶体结构。矿物可能出现的主要习性包括：

- 几何状。几何状矿物如黄铁矿的立方体。
- 针状。当矿物呈针状时，便会呈现如石膏的形状。
- 片状。片状是指厚而平的晶体，比如重晶石的晶体。

- 棱状或柱状。矿物呈棱形，如碧玺。
- 树状。树状物，比如天然的银。
- 树枝状或树状。矿物以树叶或树枝为图案，比如天然铜。

颜色和条痕

　　矿物的颜色是由其反射的光的波长产生的混合体所决定的。值得注意的是，我们应当仔细观察刚产生的裂缝表面。在一个断口面刚产生时，根据其特性，我们可以把矿物分为3类：

- 单色。矿物颜色由其主要成分决定，并且始终如一，如孔雀石。
- 多色。在矿物有多色时，其颜色是由少量的杂质决定的，且并不总是相同的。比如刚玉，可以是红色（红宝石）、蓝色（蓝宝石）或是其他颜色。
- 伪色。矿物的颜色取决于晶体本身的物理结构。蛋白石就是一个非常有代表性的例子。蛋白石是由分层结构形成的。当光线穿过它时，它会将把光分解成各种颜色，并且会以不同的方式。这就是为什么有那么多种不同颜色的蛋白石。

　　条痕不一定与矿物表面的颜色相同，而是由锉削或研磨矿物表面时产生的细尘的颜色所决定的。

孔雀石：单色

刚玉：多色

蛋白石：伪色

岩盐：玻璃光泽

褐铁矿：土状光泽

孔雀石：丝绢光泽

金：金属光泽

光泽度

　　光泽度是指矿物表面反射光线时的外观。光泽度与颜色无关，但与矿物的化学成分有关。光泽度可以是金属光泽。当矿物几乎反射它所接受的所有光线时就会呈现金属光泽，如砷。光泽度也可以是亚金属光泽。当矿物反射小部分光线时，就会呈现亚金属光泽。光泽度还可以是非金属光泽。当矿物传输一定程度的光线时，便会呈现非金属光泽。

　　最后一个非金属光泽的概念有些含糊不清。事实上，人们常常使用各种不同的名称来更精准地表达细微的差别。于是，我们常说的是玻璃光泽、珍珠光泽、彩虹光泽、丝状光泽、油脂光泽或金刚砂光泽等。

透明度、发光性及其他光学特性

透明度是用来衡量矿物的透光能力的特性。根据透明度的定义，矿物可以是：

- 不透明的。不透明的矿物不能透过任何光线。
- 透明的。透明的矿物可以透过光线。另外，透过透明的矿物可以看到其他物体。
- 半透明的。半透明的矿物可以透过光线，但无法透过它们看到其他物体。

矿物发光，是指在其他光源的照射下发出光芒，所发光芒绝非白炽光。比如说，当用紫外线照射燧石时，燧石会发光。

矿物还有其他可以测量的光学特性——反射和折射（分别影响光束的方向和传播速度）以及偏振（部分矿物只能被在单一平面内振动的光所穿过）。

硬度

硬度是指矿物抵抗外力刻画的能力。矿物的硬度取决于其晶体结构和化学成分。此外，硬度不一定在矿物的所有表面都一致。人们可以通过与莫氏硬度表作比较来衡量矿物的硬度。

莫氏硬度表	
1. 滑石	易被指甲划出痕迹
2. 石膏	易被指甲划出痕迹
3. 方解石	易被铜钱划出痕迹
4. 萤石	易被钢币划出痕迹
5. 磷灰石	难以被刀划出痕迹
6. 正长石	可以被钢砂纸划出痕迹
7. 石英	可以划伤玻璃
8. 黄玉	可以被碳化钨制造的工具划出痕迹
9. 刚玉	可以被碳化硅制造的工具划出痕迹
10. 钻石	只能被钻石划出痕迹

方解石：非常完美的薄片

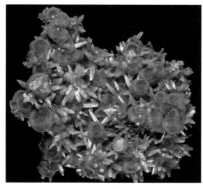

硫铁矿：解理性差

铅矾：螺形断口

解理、断口和韧性

解理性、断口和韧性这三者都是矿物的力学性质。①解理，指的是一些矿物破裂成与晶面平行的平坦表面的特性。也就是说，矿物的解理性与其晶体结构有关。根据解理发生的难易程度和切割的清洁程度，我们将解理的质量从高到低分为：完全解理、中等解理、不完全解理和无解理。就解理的形状而言，它可以是片状（云母）、立方体（方铅矿）、斜方体（方解石）、八面体（黄铁矿）或十二面体（闪锌矿）。

②断口，指的是矿物沿着任意方向破裂后形成的不规则断开面。断口并不是解理。根据断口的形状，可以将其分为：光滑的、不规则的、螺状的、纤维状的、缺口

银：钩状断口

的、钩状的或土状的。

③韧性，是一种属性，用来衡量矿物质抵抗被打破、折弯或粉碎的能力。根据韧性的程度，矿物可以分为以下类别：

- 易碎的。矿物易破碎或变成粉末。
- 可延展的。矿物可通过压力转化为薄片。
- 可切开的。矿物可以用刀切割。
- 延展性强的。矿物可被拉伸成线状。
- 有韧性的。矿物在弯曲状态下，当作用力停止时，它可以恢复原来的形状。
- 有可塑性的。矿物在弯曲状态下，当作用力停止时，不能恢复到原来的形状。

相对密度

相对密度指的是在4℃时，一定量的矿物，其重量与等体积蒸馏水的重量之比。当矿物的密度小于2.5时，表明该矿物相对密度低；当矿物的密度在2.5和4之间，表明该矿物相对密度正常。当矿物的密度超过4时，表明该矿物相对密度高。

硫黄：非常易碎

铜：具有延展性和可塑性

电和磁的特性

矿物中可以测量的与电相关的特性之一是电导率，或者说导电性。除了天然矿物、硫化物和金属氧化物以外的大部分矿物都是不良导体。

矿物的另外两种电学特性是热释电和压电。热释电是指一些晶体在受到温度变化时带电的现象。压电是指晶体在受到压力时在两端产生相反的电荷的现象。

磁性是一种与矿物中铁含量有关的属性。如果矿物能被磁铁强烈吸引，这种特性就称为铁磁性，比如磁铁矿。如果这种吸力很小，这种矿物就具有顺磁性，比如菱铁矿。相反，如果矿物完全没有这种吸引力，那么该矿物则是抗磁的，比如硫黄。

电气石：热电性矿物

石英：压电性矿物

化学性质

矿物的化学性质可用于识别矿物。同时，也有助于科学研究。矿物的化学特性包括熔融性、可溶性、对酸的反应和放射性。

矿物的熔融性，是指矿物融化的能力。我们可以通过与冯·科贝尔量表的标准比较来衡量。

矿物的可溶性，指的是矿物溶解于水的能力。一些可溶性矿物质有咸味，比如海洛因或普通盐与钾盐相对比，钾盐产生的味觉比海洛因和普通烟要更加苦涩。

矿物对酸的反应，则有助于区分部分矿物质。比如说，在浓度为10%的稀盐酸中浸泡是用于鉴定碳酸盐的试验之一。通过这个实验，碳酸盐会发生反应产生二氧化碳，并出现泡腾现象。另外，也有一些不会在这个实验中产生泡腾现象的矿物，比如沸石。沸石在实验中会变成磨砂石。

矿物的放射性，是指某些矿物自发地发射辐射的特性。这是一种非常罕见的特征，比如说出现在铀矿石或钒钾铀矿中。

冯·科贝尔量表		
1. 辉锑矿	525℃	
2. 钠沸石	800℃	
3. 铁铝榴石	1050℃	
4. 阳起石	1200℃	
5. 正长石	1300℃	
6. 古铜辉石	1400℃	
7. 石英	不熔的	

矿物的用途

　　矿物除了巨大的科学价值，还有着非常重要的应用价值。矿物是人们获得金属（如铝、铜、铁）的主要来源，在农业中被用作肥料（如硝酸盐和磷酸盐），在食品业（如光卤石或岩盐）、建筑业（如石膏）、玻璃制造（如一些石英和硅酸盐）以及珠宝制作（如宝石和半宝石）中都有着不可或缺的作用。

在大学实验室，科研人员会选取很多矿物和岩石来进行重要的矿物学研究。

矿物的分类

　　目前人们最常用的矿物分类方式是镍-斯特伦茨分类，即以晶体的成分和结构为基础进行分类。

　　根据第10版的镍-斯特伦茨分类，矿物可以分为10个类别：

1. 天然元素
   （如金、银、铋、硫黄、钻石）
2. 硫化物和硫黄类物质
   （如朱砂、黄铁矿、方铅矿、黄铜矿）
3. 卤化物
   （如岩盐、辉绿岩、锡尔文石、光卤石）
4. 氧化物和氢氧化物
   （如刚玉、金绿宝石、赤铁矿、锡石）
5. 碳酸盐和硝酸盐
   （如方解石、磁铁矿、文石、孔雀石）
6. 硼酸盐
   （如硼砂、乌来石、水硼砂、硬硼钙石）
7. 硫酸盐（铬酸盐、钼酸盐、钨酸盐）
   （如重晶石、黑钨矿、石膏、蛇纹石）
8. 磷酸盐（砷酸盐和钒酸盐）
   （如磷灰石、钴华、安石、钙铀云母）
9. 硅酸盐
   （如黄玉、金刚砂、绿柱石、云母）
10. 有机化合物

天然元素

　　作为孤立元素出现的矿物称为天然元素，也就是说没有与其他元素结合的结构。在元素周期表所列出的100多种元素中，只有约20余种是能在自然界中被发现的。在这个组别，又可以分为3个亚组：天然金属、天然半金属和天然非金属。其中，天然金属是最丰富的。具有典型的金属光泽，硬度低，且有可塑性（可形成板材）和延展性（可形成电线），以及非常好的导热性和导电性，如银、金、铂、铜、铅。天然半金属，不具有延展性，且比天然金属更脆，导电性更低，如铋、砷、锑。天然非金属根据其不同元素，具有不同的特性，通常对于工业和商业具有重要价值，如硫、钻石、石墨。

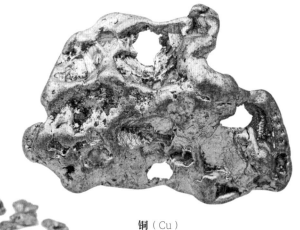

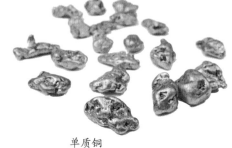

单质铜

铜（Cu）
晶系：立方晶系
颜色：铜红色
条痕色：铜红色
光泽：金属光泽
硬度：2.5～3
密度：8.93
其他特性：有延展性和可塑性
丰富程度：罕见

金（Au）
晶系：立方晶系
颜色：黄色
条痕色：亮黄色
光泽：金属光泽
硬度：2.5～3
密度：15.5～19.3
其他特性：延展性和可塑性
丰富程度：罕见

黄金是珠宝中使用最广泛的金属之一。正是由于黄金在自然界极其稀缺，故而成为一种非常珍贵的元素。

铋（Bi）
晶系：三方晶系
颜色：红白色或黄白色
条痕色：银白色
光泽：金属光泽
硬度：2～2.5
密度：9～9.7
其他特性：有导电性和脆性
丰富程度：非常罕见

铁（Fe）
晶系：立方晶系
颜色：钢灰色至黑色
条痕色：钢灰色
光泽：金属光泽
硬度：4～5
密度：7～7.8
其他特性：有延展性
丰富程度：罕见

银（Ag）
晶系：立方晶系
颜色：银白色
条痕色：银白色
光泽：金属光泽
硬度：2.5～3
密度：10～12
其他特性：延展性和可塑性
丰富程度：罕见

天然的金块、
银块和铜块

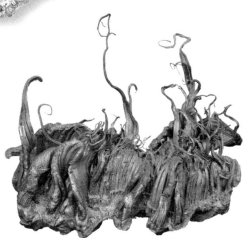

虽然银有很好的导电
性和导热性，但由于
其价格昂贵，极少用
于导电或者导热。

汞（Hg）
晶系：三方晶系（在-39℃时）
颜色：银白色
光泽：金属光泽
密度：13.80
其他特性：极为少有；常温常压下是液态
丰富程度：非常罕见

来自德国奥伯施莱姆的天然砷

砷（As）
晶系：三方晶系
颜色：灰色或锡白色
条痕色：铅灰色至黑色
光泽：金属光泽
硬度：3～4
密度：5.4～5.9
其他特性：表面呈铜绿色黑
丰富程度：非常罕见

硫（S）
晶系：三方晶系
颜色：黄色
条痕色：浅黄色
光泽：油脂光泽或丝状光泽
硬度：1.5～2.5
密度：2～2.1
其他特性：容易灼伤
丰富程度：罕见

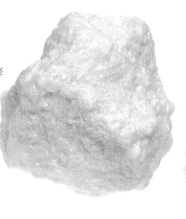

钻石（C）
晶系：立方晶系
颜色：无色或浅黄色或其他颜色（较少出现）
条痕色：由于其硬度，不可能产生条痕
光泽：金刚砂光泽或油脂光泽
硬度：10
密度：3.52
其他特性：最硬的矿物
丰富程度：非常罕见

天然钻石

未经切割的各色毛坯钻石

一套不同形状的钻石

铂金（Pt）
晶系：立方晶系
颜色：钢灰色
条痕色：灰色
光泽：金属光泽
硬度：4～4.5
密度：14～22
其他特性：可塑性强
丰富程度：非常罕见

镶嵌着钻石的铂金手镯

硅（Si）
晶系：立方晶系
颜色：红褐色或铁黑色
条痕色：黑色
光泽：金属光泽
硬度：7
密度：2.33
其他特性：凹形断面
丰富程度：非常罕见

镍（Ni）
晶系：立方晶系
颜色：白灰色或银白色
条痕色：灰白色
光泽：金属光泽
硬度：4～5
密度：7.8～8.2
丰富程度：非常罕见

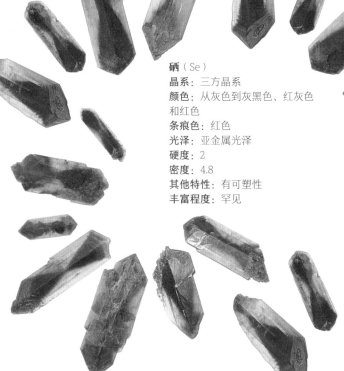

硒（Se）

晶系：三方晶系
颜色：从灰色到灰黑色、红灰色和红色
条痕色：红色
光泽：亚金属光泽
硬度：2
密度：4.8
其他特性：有可塑性
丰富程度：罕见

铝（Al）

晶系：立方晶系
颜色：银白色
条痕色：银白色
光泽：有铅金属光泽
硬度：2 ~ 3
密度：2.7
其他特性：矿物不透明
丰富程度：非常罕见

锑（Sb）

晶系：三方晶系
颜色：锡白色
条痕：铅灰色
光泽：金属光泽
硬度：3 ~ 3.5
密度：6.7
其他特性：可解理且不透明
丰富程度：非常罕见

锑，原产于墨西哥奇瓦瓦州。

石墨（C）

晶系：六方晶系
颜色：灰色
条痕色：黑色
光泽：金属色或土黄色
硬度：1 ~ 2
密度：2.23
其他特性：非常柔软，可用于造纸
丰富程度：罕见

碲（Te）

晶系：六方晶系
颜色：锡白色
条痕色：灰色
光泽：金属光泽
硬度：2 ~ 2.5
密度：6.25
其他特性：不透明
丰富程度：罕见

两小块碲

黄金

黄金的光泽明艳动人，颜色独一无二，且便于加工。得益于此，它成为史前人类使用的第一种矿物。目前人类发现的最古老的珠宝和黄金首饰来自新石器时代。自古以来，黄金不但是一种货币，更是权力和财富的标志。

金被发现时通常与银、铁、铋、铅、铜、锌和锡等金属在一起。当银的比例高于20%，则被称为金银合金。上图中，有银块、铜块和金块。

黄金矿藏

在自然界中，人们可以在两种类型的矿床中找到黄金：原生矿床和次生矿床。在原生矿床中，金是表生的，也就是说，它的形成和被发现是在同一岩石中完成的。这种原生矿床通常附着在喷发岩石中的热液石英层上，常常与银，较为罕见的钯、铑，以及其他重金属矿物一同形成合金。在次生矿床，或者是冲积矿床中，金是合生的。这意味着矿物已经由于某种大气介质（通常是水）的作用，从最初形成的地方转移到另一个地方沉积下来。因此，人们可以在硫化物、硒化物和碲化物矿床的沉积区找到金。当然，大部分这种贵金属还是集中在沉积源的矿床中，与其他重金属矿物一同存在于现有的矿床和化石矿床之中。

全球各地几乎都有金矿藏。然而，作为世界上最稀有的矿物之一，它的数量非常少，仅占地壳的0.003%左右。

原产国

几十年来，在黄金生产中领先的国家首先是南非，其次是墨西哥。现如今，许多其他国家都加入到黄金生产中，产量有时已经超过这两个国家。目前产量第一的是中国，其次是澳大利亚、俄罗斯和美国，然后是加拿大、秘鲁、乌兹别克斯坦（穆龙套式金矿床）和印度尼西亚（格拉斯伯格矿）。此外，还有约90个国家在开采黄金，尽管开采的数量非常少。

在19世纪末的"淘金热"之后，易于开采的矿石早已被开采殆尽。现如今，早就不可能如当年一样在河水中轻而易举地发现几十千克的金块了。年复一年，这种贵金属的产量逐年下降，人们需要不断开采新的矿藏以维持生产。然而，尽管其产量逐年下降，人们对它的需求却丝毫未减。正因如此，金条的价格与日俱增。

1860年美国"淘金热"期间，在加利福尼亚州索诺拉北部工作的矿工。

用途广泛

尽管黄金最著名的用途是打造贵重的珠宝首饰，但作为一种贵重金属，由于它易于以原生形式提取，人们可以节省大量成本，它还有许许多多的用途。例如，被用作货币标准；用于制造高精度的科学仪器；作为导体材料，广泛用于电子设备、微型电路等领域还可用于航空航天工业等领域。这不过是其主要用途的其中几个例子而已。

左侧图片为塞维利亚的"埃尔·卡拉姆伯洛宝藏"中的黄金：公元前7世纪至5世纪之间的21件达24克拉的黄金。右侧图片为金锭状黄金。标准铸锭重达400金衡盎司（12.4千克），也被许多银行用作黄金储备。

一般属性

名称： 原生金

化学式： Au

类别： 自然元素

晶体学： 立方晶系

外观： 通常以小颗粒或片状物嵌入石英基质中，在矿床中，形成圆形的混合物（金块）。在立方晶系、八方晶系或菱形十二面体晶系和树枝状晶体中比较少见

物理特性

颜色： 或浓或淡的黄色，取决于杂质的多少

条痕色： 亮黄色

光泽： 金属光泽

光学： 不透光；在呈薄片时，可以透过绿色的微光

 2.5 ~ 3   15.5 / 19.3

其他特性

防酸，但王水除外

在1061℃时熔化

丰度

钻石

谁能想到，珠宝中最珍贵的宝石，最美丽且富有价值的宝石，只是纯碳呢？事实上，钻石正是如此。它是一种非常罕见的矿物，其晶体产生色散，发出格外耀眼夺目的特有光芒。

迄今为止，世界上没有任何一种矿物的硬度可以与钻石相提并论。钻石是已知的最硬的材料：用莫氏等级的标准，其硬度为10级。其实，它的名字也与这一特性相呼应。钻石这个词来源于希腊语"adámas"，其意是"不可战胜的，不可改变的"，这也是钻石备受欢迎的原因之一。除此之外，与黄金一样，钻石的稀有性是其价格高昂的主要原因。

形成环境

碳转化为钻石晶体需要高压和高温（1100℃~1300℃）。而这些条件只有在深度为140~190千米地幔内部才能实现。它的形成与超基性岩石有关，尤其是金伯利岩和兰姆岩。这种类型的岩石一旦形成，就会通过所谓的爆炸管道被输送到地面。金刚石是一种非常坚硬且稳定的矿物，通常积聚在该类岩石的沉积物矿床中，以及在河川和海洋的沉积物矿床中。

主要矿藏

第一批钻石矿藏是于公元前800年左右在印度开采出来的。从那时起，许多其他国家也开始开采钻石矿藏。现如今，世界上最好的钻石来自博茨瓦纳的吉瓦嫩矿。该矿自1982年以来一直在不断开采和运营，预计它的开采将持续到2025年。尽管它的产量并不是最大的，但它出产的钻石以高价值、高质量而闻名。如果要在产量方面进行对比和研究，那么无疑是俄罗斯的矿藏占了上风，尤其是尤贝利尼、乌达奇尼和米尔的矿藏（产量分别为世界第一、第二和第三）。其次，是澳大利亚的阿盖尔矿，该矿藏是稀有粉红钻石的最大产地之一。与前文提到的矿区不同，该矿藏的开采是在露天进行的。安哥拉的卡托卡、南非的金伯利以及俄罗斯的格里布和博托宾斯卡亚矿区的开采同样都在露天进行。

此外，在巴西、印度、扎伊尔和加纳的某些河流的河沙中，人们也开采出了大量的钻石。在巴西和委内瑞拉等国，钻石以微晶石聚合体的形式大量存在。

用途

只要钻石足够优质，它的主要用途就是首饰宝石。如果钻石的质量不过关，则被称为"工业钻石"，用作磨料和石油钻探。

50多年来，人们开始通过复制自然界中钻石的形成条件制造人工钻石以及合成钻石。

然而，钻石并非所有面都具有相同的抗断裂性，这也使得它们可以被切割成不同的形状。

一般属性

名称： 钻石
化学式： C
类别： 自然元素
晶型： 立方晶系
外观： 八面体晶体、立方体和圆面十二面体

碳品种：微黑的微晶聚合体
圆粒金刚石品种：有辐射状的纤维结构球状集合体

物理特性

颜色： 如果是纯净钻石，其颜色为无色或白色；如果含有杂质，颜色种类较多（黄色、棕色、带红色、橙色、粉红色、绿色、浅蓝色、灰色、黑色）
光泽： 金属光泽或油脂光泽
解理性： 在八面体中最为完美
断口： 螺状（呈弧形、贝壳状）
韧性： 弱
光学特性： 紫外线辐射时发光

10   KG 3.52

其他属性

不熔且不溶解，极难燃烧，燃烧时产生二氧化碳

丰度

左侧图是南非金伯利钻石矿的"大洞"。该矿是全世界最著名的钻石矿之一，这里的宝石晶体似乎与金伯利岩有关。右侧图是目前世界上最大最著名的各种钻石的名字。迄今为止，人们发现的最大的钻石是1905年在南非开采的库里南钻石。它重达3106克拉（621克）。由于尺寸和价值都尤为突出，不得不被切分为小块。

硫化物和硫黄类物质

　　这是一种硫与金属元素或非金属元素相结合形成的矿物。它包括少数矿物，这些矿物不含单质硫，却含有砷、锑、铋、硒或碲。鉴于该类物质具有多样性，要总结出它们的共同特征并不容易。总体来说，硫化物和硫黄类物质是不透明的矿物，密度高，硬度在1至6之间，有金属光泽，且是良好的热导体和电导体。部分该类矿物是形成金属的矿石的重要组成部分，对其形成的金属具有重要的经济意义。这类金属包含：精矿（银）、闪锌矿（锌）和黄铜矿（铜）、朱砂（汞）、辉锑矿或锑矿（锑）、方铅矿（铅）、黄铁矿（硫酸）和鸡冠石（用于获得氧化砷并为烟花提供亮白的颜色）。

朱砂（HgS）
晶型：三角晶系
颜色：紫红色
条痕色：浅红色
光泽：从金刚砂光泽到土黄色
硬度：2.5
密度：8.1
其他特性：主要来源于汞
丰富程度：常见

蚂蚁石或辉锑矿（Sb₂S₃）
晶型：菱形晶系
颜色：铅灰色
条痕色：铅灰色
光泽：金属光泽
硬度：2
密度：4.6～4.7
其他特性：不透光
丰富程度：罕见

黄铁矿（FeS₂）
晶型：立方晶系
颜色：黄铜黄
条痕色：灰色或棕黑色
光泽：金属光泽
硬度：6～6.5
密度：5～5.2
其他特性：最硬的硫化物
丰富程度：很常见

鸡冠石（AsS）
晶型：单斜面晶系
颜色：红色或橙色
条痕色：黄色
光泽：树脂质光泽
硬度：1.5～2
密度：3.5～3.6
其他特性：剧毒
丰富程度：极为罕见

淡红银矿（Ag₃AsS₃）
晶型：三角晶系
颜色：红宝石色
条痕色：朱红色
光泽：金刚砂光泽
硬度：2～2.5
密度：5.57
其他特性：半透光
丰富程度：非常罕见

辉银矿或螺状硫银矿（Ag$_2$S）
晶型：立方晶系
颜色：灰黑色
条痕色：闪亮的黑色
光泽度：金属光泽
硬度：2 ~ 2.5
密度：7.3
其他特性：如蜡一样易被切割
丰富程度：罕见

铅矿或闪锌矿（ZnS）
晶型：立方晶系
颜色：黑色、棕色、绿色或黄色
条痕色：棕白色
光泽：树脂质光泽
硬度：3.5 ~ 4
密度：4
其他特性：锌的主要来源
丰富程度：非常常见

雌黄（As$_2$S$_3$）
晶型：单斜面晶系
颜色：黄色
硬度：1.5 ~ 2
条痕色：淡黄色
光泽：有树脂光泽或珠光
密度：3.48
其他特性：透明和半透明
丰富程度：极为罕见

方铅矿（PbS）
晶型：立方晶系
颜色：铅灰色
条痕色：深灰色
光泽：金属光泽
硬度：2.5
密度：7.2 ~ 7.6
其他特性：通常含有银
丰富程度：很常见

黄铜矿（CuFeS$_2$）
晶型：四边晶系
颜色：黄铜黄
条痕色：绿黑色
光泽：金属光泽
硬度：3.5 ~ 5
密度：4.2 ~ 4.3
其他特性：铜的主要来源
丰富程度：很常见

斑铜矿（Cu$_5$FeS$_4$）
晶型：立方晶系
颜色：紫红色至彩虹蓝
条痕色：黑色
光泽：金属光泽
硬度：3
密度：5.07
其他特性：非常重且易碎
丰富程度：罕见

上图所示是斑铜矿的一种，由于其颜色为彩虹色而被称为孔雀矿或孔雀铜。

毒砂（FeAsS）
晶型：单斜面晶系
颜色：银灰色
条痕色：黑色
色泽：金属光泽
硬度：5.5～6
密度：5.9～6.2
其他特性：完美解理性
丰富程度：常见

车轮矿（PbCuSbS₃）
系统：菱形
颜色：钢灰色至铅灰色
条痕色：灰色
光泽：金属光泽
硬度：2.5～3
密度：5.8
其他特性：铅、铜和锑
丰富程度：罕见

辉钼矿（MoS₂）
晶型：六角形晶系
颜色：铅灰色，略微发蓝
条痕色：灰黑色或绿黑色
光泽：暗沉的金属光泽
硬度：1～1.5
密度：4.70
其他特性：触感油腻
丰富程度：罕见

在瑞士南部发现的辉钼矿

辉铋矿（Bi₂S₃）
晶型：菱形晶系
颜色：钢灰色
条痕色：钢灰色
光泽：金属光泽
硬度：2
密度：6.7
其他特性：可溶于热硝酸
丰富程度：罕见

脆硫锑铅矿（Pb₄FeSb₆S₁₄）
晶型：单斜面晶系
颜色：钢灰色
条痕色：钢灰色
光泽：金属光泽
硬度：2～3
密度：5.63
其他特性：可溶于硝酸
丰富程度：非常罕见

辉钴矿（CoAsS）
晶型：正方体晶系
颜色：银白色
条痕色：黑色
光泽：金属光泽
硬度：5.5
密度：6.33
其他特性：用于提取钴
丰富程度：罕见

铜蓝（CuS）
晶型：六角形晶系
颜色：靛青色
条痕色：黑色或灰色
光泽：金属光泽
硬度：1.5～2
密度：4.59～4.76
其他特性：燃烧时有蓝色的火焰
丰富程度：非常罕见

来自秘鲁卡瓦卡扬的黝铜矿晶体

黝铜矿（$Cu_{12}Sb_4S_{13}$）
晶型：立方晶系
颜色：灰黑色
条痕色：棕黑色
光泽：金属光泽
硬度：3~4
密度：5
其他特性：非解理性和有钩状断口
丰富程度：常见

来自俄罗斯乌拉尔山脉的砷黝铜矿、绿色硫铁矿和蓝色天青石

深红银矿（Ag_3SbS_3）
晶型：三方晶系
颜色：带反光的黑色、暗红色
条痕色：印度红
光泽：近亚金属光泽
硬度：2.5
密度：5.85
其他特性：可以获得银
丰富程度：极为罕见

砷黝铜矿
[$(Cu, Ag, Fe, Zn)_{12}As_4S_{13}$]
晶型：等积晶系
颜色：灰黑色
条痕色：棕黑色
光泽：暗淡的金属光泽
硬度：4~4.5
密度：4.5
其他特性：可获取铜和银
丰富程度：非常罕见

硫砷铜矿（Cu_3AsS_4）
晶型：菱形晶系
颜色：银白色，尽管被铜绿黑所覆盖
条痕色：灰黑色
光泽：金属光泽
硬度：3
密度：4.45
其他特性：可以获取铜
丰富程度：罕见

镍黄铁矿（$(FeNi)_9S_8$）
晶型：立方晶系
颜色：铜黄色
条痕色：黑色
光泽：金属光泽
硬度：3.5~4
密度：5
其他特性：可以获得铁和镍
丰富程度：罕见

钒蓝石（$Pb_5Sb_4S_{11}$）
晶型：单斜面晶系
颜色：铅灰色的蓝色
条痕色：红棕色，黑色
光泽：暗淡的金属光泽
硬度：2.5~3
密度：6
其他特性：可以获取铅
丰富程度：罕见

来自美国俄克拉荷马州长达7厘米的白铁矿

白铁矿（FeS_2）
晶型：菱形晶系
颜色：几乎白色的青铜绿的黄色
条痕：灰黑色
色泽：金属光泽
硬度：6~6.5
密度：4.9
其他特性：可获得二级硫黄
丰富程度：极为罕见

天然白铁矿标本

黄铁矿

　　有一个著名的儿童谜语特别贴合这种矿物："黄金看起来像什么？"因为黄铁矿的颜色和强烈的金属光泽与黄金的颜色和光泽极为相似，以至于人们称它为"穷人的黄金"或"傻瓜的黄金"。但不要被这些评价所迷惑了，因为黄铁矿本身就是一种具有极重要经济价值的矿物。

人们常常见到黄铁矿在有机化石残骸的表层结晶，形成铜绿，从而使得这些残骸具有美丽的金属外观。黄铁矿石极负盛名，在市场上价格高昂。

　　黄铁矿是地壳中最广泛藏有及储存最丰富的硫化物。它的名字来源于希腊语前缀"pyr"，其字面意思是"火"，寓意指矿物在与金属物体发生碰撞时产生小火花的特性。

重要特性

　　黄铁矿有几个值得注意的特性，正是这些特点使它变得独一无二。除了上述产生火花的特性外，黄铁矿还是一种既坚硬又重的矿物，粉碎后会产生细小的深绿色或黑绿色粉末。虽然不溶于盐酸，但还原成粉末后，可溶于硝酸。另外，黄铁矿是最容易结晶的矿物之一，极易结晶成相当规则的几何晶体。部分情况下，这些晶体可以分为对称结构（双晶）。

黄铁矿不仅可能是立方体或几近完美的五边形十二面体，也可以是带有被称为"黄铁矿的阳光"的放射状纤维的盘状聚合体。而带有放射状纤维的盘状聚合体正是美国伊利诺伊州煤矿的特点。

形成环境

黄铁矿的形成环境非常多样化。这种矿物在火山岩、变质岩和沉积岩中都很常见。人们常常可以在岩浆分离地区的黄铜矿中发现黄铁矿；或是发现它作为火成岩的附属矿物出现；在热液层中或是单独出现，或是与闪石和方铅矿或金（含金黄铁矿）一起相伴出现；或是在海底化学矿床中出现；又或是在冲积沉积环境中，由水蒸发沉淀或在接触变质带因水蒸发而出现。

在西班牙，有好些著名的黄铁矿。比如被称为世界上最重要矿床之一的里奥廷托（韦尔瓦）和纳瓦洪（拉里奥哈）。在这两个矿床可以采集到许多这种矿物的完美晶体。在意大利托斯卡纳地区、保加利亚、瑞典、美国的几个州（伊利诺伊州、科罗拉多州、亚利桑那州、犹他州）、秘鲁、中国和澳大利亚也可以开采到黄铁矿。

黄铁矿的用途

黄铁矿是一种在化学工业中非常重要的矿物，它的硫含量高，其次是酸。主要用途是提取硫黄，用于生产硫酸和硫酸亚铁（绿矾）。而绿矾可用于生产染料、油墨、消毒剂和木材防腐剂。为了获得这种硫，岩石在氧气的作用下经受高温，产生二氧化硫。由于常与金、铜、镍和钴一起出现，黄铁矿还可被用作铁矿石，常被用于生产这些金属。此外，外观优美的黄铁矿晶体可用于服装、珠宝的装饰或作为收藏品。

总体特性

名称：黄铁矿

化学式：FeS_2

类别：硫化物

晶型：立方晶系

外观：在立方体晶体中，是八面体或十二面体。有时呈十字形，也有呈紧凑、颗粒状的砾岩，形成凝结物或结节

物理特性

颜色：黄铜黄

条痕色：灰色或棕黑色

光泽：金属光泽

韧性：非常脆弱

透光性：不透光

 6 ~ 6.5　**KG** 5 ~ 5.2

其他属性

非解理性，有螺状断口，易融化，散发出硫黄蒸汽，并留下一个磁球

丰度

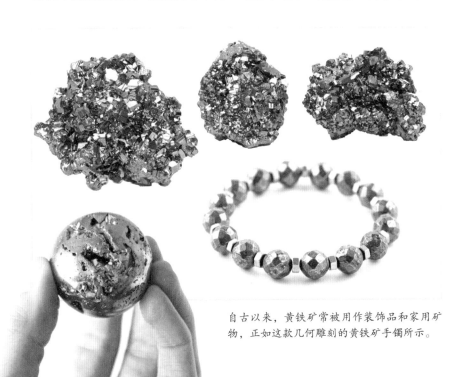

自古以来，黄铁矿常被用作装饰品和家用矿物，正如这款几何雕刻的黄铁矿手镯所示。

卤化物

卤化物是由氯、氟、溴或碘（非金属卤素）与另一种电负性比卤素更低的元素相结合形成的。它们分别形成氯化物、氟化物、溴化物和碘化物。卤化物的共性如下：具有纯离子键的晶体结构，比重低、硬度低、导电性差、导热性差。光泽度普遍较低。但根据矿物的不同，其光泽也不同，如珍珠光泽、玻璃光泽等。而熔点不一，部分卤化物熔点较高，如光卤石或普通的盐，其他的卤化物则熔点较低，如氯铜矿。大部分卤化物都可溶于水。根据其化学成分的特点，可以区分出4个卤化物亚组：不含水的简单卤化物、含水的简单卤化物、含双键的复杂卤化物和分类存疑的卤化物。

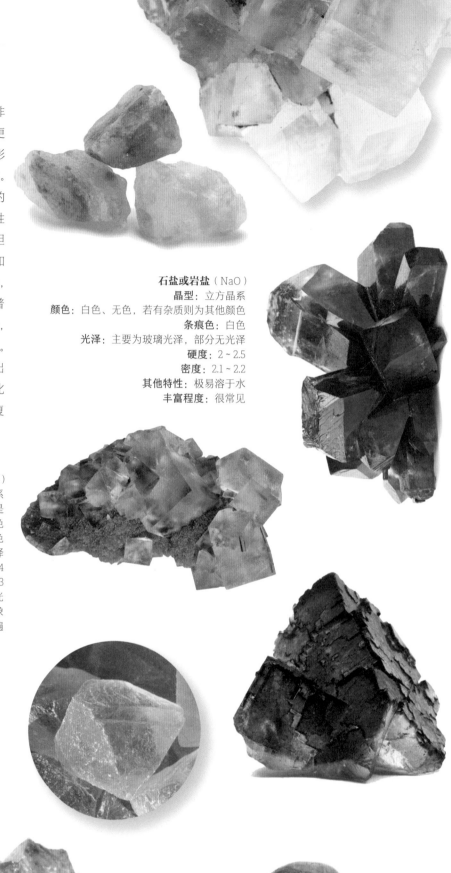

石盐或岩盐（NaO）
晶型：立方晶系
颜色：白色、无色，若有杂质则为其他颜色
条痕色：白色
光泽：主要为玻璃光泽，部分无光泽
硬度：2～2.5
密度：2.1～2.2
其他特性：极易溶于水
丰富程度：很常见

萤石（CaF$_2$）
晶型：立方晶系
颜色：多种多样，最常见的是绿色、紫色、黄色和橙色
条痕色：白色
光泽：玻璃光泽
硬度：4
密度：3.1～3.3
其他特性：许多标本存在荧光和磷光现象
丰富程度：非常普遍

私人收藏的冰晶石

冰晶石（Na_3AlFe_6）
晶型：单斜晶系
颜色：无色、白色、淡黄色、
紫色、黑色
条痕色：白色
光泽：玻璃光泽
硬度：2.5～3
密度：2.95～3
其他特性：非常脆弱
丰富程度：极为罕见

氯铜矿（$Cu_2(OH)_3Cl$）
晶型：菱形晶系
颜色：翠绿至黑绿色
条痕色：浅绿色
光泽：金刚砂光泽
硬度：3～3.5
密度：3.76
其他特性：易燃，燃烧时有蓝色火焰
丰富程度：罕见

来自英格兰圣贾斯特的绿色层状氯铜矿

褐氯铜矿（$CuCl_2$）
晶型：单斜面晶系
颜色：棕色或金棕色
条痕色：绿蓝色
光泽：玻璃光泽
密度：3.4
其他特性：解理性非常好
丰富程度：非常罕见

银铜氯铅矿
（$PbCl_2 4Cu(OH)_2 AgCl \cdot 1 1/2 H_2O$）
晶型：四方晶系
颜色：深蓝色
条痕色：蓝绿色
光泽：玻璃体光泽
硬度：3～3.5
密度：5.05
其他特性：可用于雕刻宝石
丰富程度：罕见

来自美国加利福尼亚
州南部圣罗莎莉亚的
银铜氯铅矿

石盐或岩盐

这种矿物质称为石盐或岩盐，是对人类最重要的矿物质之一。它不仅在工业中用途众多，并且可以用来强化和改善食物的口感味道。另外，盐岩也是最早用于让食物保持良好状态的防腐剂之一。

生改变。比如说，当它暴露在紫外线下受到辐射时，颜色就会改变。只有在纯净状态下，岩盐才是白色或无色的。岩盐晶体的其他颜色包括：

- 黄色或橙色。岩盐受氢氧化铁影响。
- 粉红色。形成环境中有红藻。
- 肉红。岩盐中有粉末状的赤铁矿颗粒。
- 蓝色。岩盐暴露于X射线下。
- 紫色。岩盐受天然放射性的影响
- 黑色或灰色。岩盐有沥青或有机物质，颜色会随着热量而逐渐褪下。

萨利纳斯和盐矿

岩盐常常以沉淀物的形式出现，通过盐田、封闭的海洋和盐湖，以及潟湖中的水的蒸发形成丰富的储存。在此情况下，岩盐通常与石膏、光卤石、钾盐石、无水石及其他盐类一起出现。个别情况下，它也会在地表沉积物中被发现，或者是作为火山地区的升华产物被发现。

岩盐生产大国有中国、美国和印度，其次是德国、加拿大、澳大利亚、智利和墨西哥。而西班牙在生产国的排名中与波兰和法国并列排在第15位。

岩盐的名字源于它的特点：讨人喜欢的咸味。这就是为什么它以希腊语"hals"（盐）和"lithos"（石）来命名。

在古罗马，它被命名为salus，即"工资"。因为当时许多付款都是以盐而非钱币支付的。从古至今，岩盐对人们的生活产生了巨大的影响。

一种矿物，多种颜色

岩盐正是所谓"异色矿物"的完美案例。具体来说，岩盐通过化学作用或有机杂质作用，颜色会发

左图中，人们选择了一个平坦的区域，建造浅水池，用墙分隔，并设置通道，使得海水在涨潮时进入，从而在沿海盐场中提取盐。富恩卡连特的盐矿，位于西班牙加那利群岛的拉帕尔马岛。右图是波兰维利奇卡的盐矿，是联合国教科文组织批准的世界文化遗产，也是世界上最古老的盐矿之一。它于13世纪首次被开采，长度超过300千米，深达327米。在盐壁上刻有雕像和教堂。由盐晶体制作而成的灯点亮了整个房间。

用途巨大

毫无疑问，人们都知道，盐最明显的用途是作为调味剂和防腐剂应用于食品行业和饲料行业。同时，盐也应用于氯气化工行业（盐含有60.7%的氯）和苏打化工行业。另外，盐还可以通过提取矿物中的杂质获取副产品，如钾、碘、镁等；也可用于制造红外线光学器件的棱镜和透镜（盐能极好地传导这类波长的辐射）；除了应用于皮革鞣制外，还用来制作防冻剂应用于罐头工业，制作除草剂、杀虫剂和化肥应用于木材业。

加拿大萨斯喀彻温的紫色石盐

不同颜色的岩盐晶体

一般属性

名称：光卤石或岩盐
化学式：NaO
类别：卤化物
晶型：立方晶系
外形：在立方体晶体中，以灯花的形状出现或形成白色的块状物

物理特性

颜色：无色、白色、黄色、橙色、粉红色、暗红色、蓝色、深红色、紫色、黑色
条痕色：白色
光泽：主要为玻璃光泽，部分无光泽
光学特性：在高透明度和半透明之间

 2 ~ 2.5　**KG** 2.1 ~ 2.2

其他属性

极易溶于水
非常轻盈，是可完全解理的立方体，导热性能良好。遇火可熔解，使火焰呈现非常鲜明的亮黄色

丰度

氧化物和水合物

　　这一组矿物包括由一种或多种元素组成的矿物，常常与氧气或水相结合。氧化物和水化物在暴露于大气作用下的地壳中，其含量非常丰富。就其特性而言，几乎所有的矿物都具有晶体结构，且有高硬度、高熔点、高热稳定性和高化学稳定性等特点。在这类矿物中，有一些最为珍贵的宝石，如红宝石和绿宝石。红宝石、蓝宝石、亚历山大变石、猫眼石和尖晶石都是所谓刚玉的彩色品和半透明品种。氧化物和水化物里还包括许多具有巨大经济价值的重要金属矿石，如赤铁矿（铁）、焦宝石（锰）、锡石（锡）、钛铁矿（钛）和铜矿（铜）等。

硫铁矿（Fe_2O_3）
晶型： 三角晶系
颜色： 灰色至红色
条痕色： 红色
光泽： 从灰色的金属光泽到赭石色的泥土光泽
硬度： 5 ~ 6
密度： 5.2 ~ 5.3
其他特性： 作为铁矿石，储量最丰富
丰富程度： 非常普遍

硫铁矿石项链

硫氰酸钙（SnO_2）
晶型： 四方晶系
颜色： 从黑色到白色再到褐色
条痕色： 白色
光泽： 金刚砂光泽、粗糙的树脂状光泽
硬度： 6 ~ 7
密度： 6.8 ~ 7.1
其他特性： 抛光不良，不溶于水且可灌注。
丰富程度： 罕见

红宝石晶体

蓝宝石

不透明的刚玉

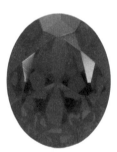

蓝宝石

刚玉（Al_2O_3）
晶型： 三角晶系
颜色： 多种多样，红色（红宝石），蓝色（蓝宝石）
条痕色： 比原来的颜色更浅
光泽： 金刚砂光泽、玻璃光泽等
硬度： 9
密度： 3.9 ~ 4.1
其他特性： 红宝石和蓝宝石可以作为宝石
丰富程度： 常见

红宝石

用黑色尖晶石镶嵌钻石制作的耳环

用于珠宝装饰的红色
尖晶石

尖晶石（$MgAl_2O_4$）
晶型：立方晶系
颜色：红色、白色、无色、蓝色；
　　　　如有其他颜色则取决于杂质
条痕色：灰绿色或棕色
光泽度：玻璃光泽
硬度：7.5～8
密度：3.5～4.1
其他特性：透明品种的尖晶石可
　　　　　　用作宝石
丰富程度：常见

来自缅甸莫高克的尖晶石

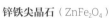

铁钛矿（$FeTiO_3$）
晶型：三角晶系
颜色：黑色
条痕色：红黑色
光泽：玻璃状光泽、油脂光泽等
硬度：5.5～6
密度：4.5～5
其他特性：主要来源钛矿
丰富程度：常见

铁钛矿

锌铁尖晶石（$ZnFe_2O_4$）
晶型：立方晶系
颜色：棕黑色
硬度：6
条痕色：红褐色
光泽：金属光泽
密度：5～5.2
其他特性：受热时略有磁性
丰富程度：常见

来自捷克共和国的
黄金绿宝石

金绿宝石

金绿宝石（$BeAl_2O_4$）
晶型：菱形晶系
颜色：绿色、黄色或无色
条痕色：白色
光泽：玻璃状光泽、油脂状光泽等
硬度：8.5
密度：3.7
其他特性：部分品种是高价宝石
丰富程度：极为罕见

沥青品种

铀矿石（UO_2）
晶型：立方晶系
颜色：鱼黑色（黝黑）、黄色、绿色或
橙色土质变体（胶质变体）
条痕色：黑褐色
光泽：亚金属光泽或油脂光泽
硬度：5.5
密度：7.5～8.7
其他特性：放射性
丰富程度：罕见

土质变体

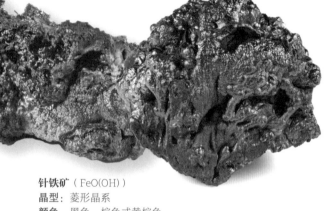

针铁矿（$FeO(OH)$）
晶型：菱形晶系
颜色：黑色、棕色或黄棕色
条痕色：黄褐色
光泽：金刚砂光泽至土黄色亚光泽
硬度：5～5.5
密度：4.3
其他特性：光线的方向不同，颜色也不同
丰富程度：常见

软锰矿（MnO_2）
晶型：四方晶系
颜色：铁黑色
条痕色：黑色
光泽：金属光泽或土黄色光泽
硬度：1～2
密度：4.7～5
其他特性：当软锰矿为黑色晶体
时被称为多晶石
丰富程度：罕见

赤铜矿（Cu_2O）
晶型：立方体晶系
颜色：不含杂质时呈红宝石色
条痕色：栗子红
光泽：金属光泽到金刚砂光泽
硬度：3.5～4
密度：5.8～6.2
其他特性：几乎含有90%的铜
丰富程度：常见

锐钛矿（$\beta\text{-}TiO_2$）
晶型：四方晶系
颜色：宝石蓝、蜂蜜黄、黑
条痕色：白色、浅黄色等
光泽：金刚砂至金属光泽
硬度：5.5～6
密度：3.8～3.9
其他特性：不熔且不溶
丰富程度：极为罕见

褐铁矿（$Fe_2O_3 \cdot n(H_2O)$）
晶型：正方晶系
颜色：棕色赭石或黑褐色
条痕色：黄褐色或红褐色
光泽：土黄色光泽
硬度：5～5.5
密度：3.6～4.4
其他特性：铁矿物的混合物且不透光
丰富程度：非常常见

水镁石（$Mg(OH)_2$）
晶型：三角晶系
颜色：白色、绿色、蓝色、黄色、红褐色
条痕色：白色
光泽：玻璃状光泽、丝绸光泽或珠光光泽
硬度：2.5～3
密度：2.4
其他特性：透明至半透明的
丰富程度：罕见

黑色的过氧化氢晶体

过氧化钙（$CaTiO_3$）
晶型：单斜面晶系
颜色：红棕色、黑灰色、黄色
条痕色：浅黄色
光泽：金刚砂光泽
硬度：5.5
密度：4
其他特性：非解理性、易裂
丰富程度：罕见

水锰矿（$MnOOH$）
晶型：单斜面晶系
颜色：灰色或钢黑色
条痕色：深棕色
光泽：金属光泽
硬度：4
密度：4.3～4.4
其他特性：次锰矿石
丰富程度：罕见

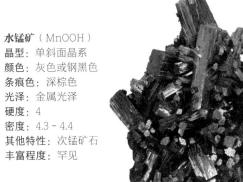

铁锈石（Cr_2FeO_4）
晶型：立方晶系
颜色：棕色或黑色
条痕色：深棕色
光泽：金属光泽
硬度：5.5
密度：4.6
其他特性：磁性微弱
丰富程度：常见

铌铁矿（$(Fe, Mn)Nb_2O_6$）
晶型：正方晶系
颜色：黑褐色
条痕色：红色、黑色
光泽：亚金属光泽至亚树脂光泽
硬度：6～6.5
密度：5.1
其他特性：非常易碎
丰富程度：罕见

磁铁矿（$FeFe_2O_4$）
晶型：立方晶系
颜色：黑色
条痕色：黑色
光泽：金属光泽
硬度：5～6.5
密度：5.2
其他特性：磁性很强
丰富程度：很常见

巴基斯坦的板钛矿

板钛矿（$\gamma-TiO_2$）
晶型：菱形晶系
颜色：棕色、深红色、橙色、黑色
条痕色：白色、淡黄色、灰色
光泽：金刚砂光泽
硬度：5.5～6
密度：4.1
其他特性：不熔且不溶
丰富程度：极为罕见

产自巴基斯坦的板钛矿晶体。

刚玉

　　刚玉的硬度仅次于钻石。红色透明的刚玉即红宝石，是珠宝中最受欢迎的宝石之一，然而它并不是刚玉的唯一品种。所谓的蓝宝石、黄宝石、祖母绿和东方紫水晶都是刚玉在自然界中的品种。

刚玉是晶体颜色变化最多的矿物之一。

当杂质"叠加"

　　最常见的刚玉是灰色或深色的，半透明，具有颗粒状（金刚砂光泽）的条痕。然而有些情况下，在这种矿物的基本化学成分（氧化铝，铝含量为52.9%）中加入少量被认作杂质的其他金属元素，如铬、铁、钛和钒，它原有的颜色会改变。当刚玉含有低量铬时，颜色会变成红色；当有铁和钛的杂质时，颜色会变成蓝色。这些彩色品种的刚玉一般是透明的且是著名宝石，如红宝石（红色）和蓝宝石（蓝色）。另外，还有无色、黄色

（东方黄玉）、亮橙色、绿色（东方绿宝石）和紫色（东方紫水晶）等品种的刚玉。

特殊情况下，一些透明刚玉包括细小的金红石包壳。这些包壳可以产生一种非常独特的光学现象，称为星光现象。光线照射在宝石上，会在金红石的细带上形成反射，产生如星辰闪烁般的效果。

钻石戒指和蓝宝石之星（称为星光现象的光学效应）

起源和矿藏

刚玉是一种自然矿物，起源于贫硅的喷发岩，如花岗岩和正长岩，以及硅稀少而铝丰富的变质岩，如大理石、胶质片岩和片麻岩。宝石品种的刚玉时常在河沙或钙质岩石崩解后的土壤中被发现。红宝石的主要矿藏分布于亚欧大陆，尤其是在缅甸、越南和柬埔寨。蓝宝石则主要在斯里兰卡、缅甸、泰国、柬埔寨、坦桑尼亚、澳大利亚、马达加斯加及美国的蒙大拿州和北卡罗来纳州。在希腊、土耳其、澳大利亚和美国都有大量矿藏。

刚玉的用途

非珍贵的刚玉品种都被用于机械工业、精密工业，以及任何需要研磨的工艺过程，因为刚玉是一种硬度很高的矿物。而半透明、色彩丰富且质量高的刚玉则会被用作珠宝首饰。

蓝宝石结婚戒指

红宝石和蓝宝石是所有的透明刚玉中最有价值且最珍贵的品种。几个世纪以前，红宝石被认为比钻石更珍贵，是权力和财富的象征，因此成了各皇室最钟情的宝石。

一般属性

名称： 刚玉

化学式： Al_2O_3

类别： 氧化物

晶型： 三角晶系

外观： 在晶体中，通常有圆角，或者板状或双锥体晶体

物理特性

颜色： 非常多样

条痕色： 比原来的颜色更浅

光泽： 金刚砂光泽、玻璃状光泽等

透明度： 透明、半透明或不透明

韧性： 脆弱

 9　　　KG 3.9 ~ 4.1

其他属性

非解理性、螺帽状断口、可熔且不溶于水。部分刚玉品种在紫外线光下有荧光

丰度

碳酸盐和硝酸盐

碳酸盐和硝酸盐类包含大约80种矿物，其中大多数极为罕见。碳酸盐类的化学成分有碳酸盐阴离子（CO_3^{2-}）与金属。碳酸盐或硝酸盐通常很脆，其硬度在3~5，不易溶于水（除了碱金属的碳酸盐），对酸有反应，并且由多种多样的方式作用形成。这一类矿物中最常见的是方解石和文石，以及许多著名的观赏性宝石，如孔雀石、天青石和红柱石。而硝酸盐类的矿物是由硝酸盐阴离子（NO_3^-）与金属结合而成的。硝酸盐和碳酸盐的溶解度高，其数量比以前少得多。

来自斯洛伐克鲁德纳尼的铁白云石

铁白云石（$Ca(Fe, Mg, Mn)(CO_3)_2$）
晶型：三角斜方晶系
颜色：棕色、黄褐色至黑褐色
条痕色：较浅和白色
光泽：玻璃状光泽带一些珠光
硬度：3.5 ~ 4
密度：2.97
其他特性：属于二级铁矿石
丰富程度：非常罕见

来自墨西哥的橙色方解石

粗糙的绿色方解石

橙色方解石

方解石（$CaCO_3$）
晶型：三角晶系
颜色：无色透明（冰岛晶石）或白色，其他颜色取决于杂质的颜色
条痕色：白色
光泽：玻璃光泽
硬度：3
密度：2.71
其他特性：可以形成钟乳石和石笋
丰富程度：非常普遍

白色方解石

成团的白色方解石

蜜色方解石

菱铁矿（FeCO₃）
晶型：三角晶系
颜色：非常多变，从黄褐色到深褐色
条痕色：白色或黄色
光泽：玻璃状光泽，有时有珠光
硬度：4 ~ 4.5
密度：3.96
其他特性：可以获取铁
丰富程度：非常普遍

产自捷克共和国皮姆帕玛的棕色菱铁矿

白云石（CaMg(CO₃)₂）
晶型：三角晶系
颜色：灰白色
条痕色：白色
光泽：玻璃状光泽，略带珠光
硬度：3.5 ~ 4
密度：2.86 ~ 2.96
其他特性：在工业上应用普遍
丰富程度：很常见

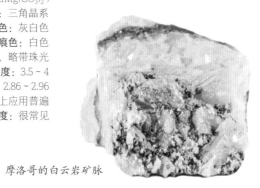

摩洛哥的白云岩矿脉

产自美国凯利矿区的绿色菱锌矿石

菱锌矿（ZnCO₃）
晶型：三角晶系
颜色：非常多样（蓝色、黄色、绿色等）
条痕色：白色
光泽：玻璃状光泽或泥土光泽
硬度：4 ~ 4.5
密度：4.3 ~ 4.5
其他特性：可用于观赏或获取锌
丰富程度：常见

菱镁矿（MgCO₃）
晶型：三角晶系
颜色：灰白色或奶油
条痕色：白色
光泽：玻璃状光泽
硬度：3.5 ~ 4.5
密度：3
其他特性：常含有其他金属
丰富程度：常见

粉红色带有黄铁矿颗粒的菱锰矿

菱锰矿（MnCO₃）
晶型：三角晶系
颜色：粉红色或棕红色
条痕色：白色
光泽：玻璃状光泽
硬度：3.5 ~ 4.5
密度：3.3 ~ 3.6
其他特性：可以获取锰及用作观赏
丰富程度：罕见

霰石（$CaCO_3$）
晶型： 菱形晶系
颜色： 白色、棕色，略带紫色、黑色、蓝色、绿色
条痕色： 白色
光泽： 玻璃状光泽
硬度： 3.5 ~ 4
密度： 2.94
其他特性： 在环境中不稳定
丰富程度： 罕见

产自意大利特伦托的绿铜锌矿石

白铅矿（$PbCO_3$）
晶型： 菱形晶系
颜色： 无色或乳白色
条痕色： 白色
光泽： 钻石光泽、玻璃光泽、树脂状光泽或珠光
硬度： 3 ~ 3.5
密度： 6.4 ~ 6.6
其他特性： 属于重要的铅矿
丰富程度： 罕见

绿铜锌矿
（$(Zn, Cu)_5[(OH)_3CO_3]_2$）
晶型： 菱形晶系
颜色： 蓝色至浅绿色
条痕色： 带白色
光泽： 丝质光泽
硬度： 2
密度： 3.6
其他特性： 可溶于盐酸
丰富程度： 非常罕见

来自墨西哥杜兰戈州马皮米的蓝色罗萨西塔

碱式碳酸锌铜
（$(Cu, Zn)_2(CO_3)(OH)_2$）
晶型： 单斜面晶系
颜色： 绿色至蓝绿色或天蓝
条痕色： 绿色
光泽： 丝质光泽
硬度： 4.5
密度： 4 ~ 4.2
其他特性： 铜和锌的次级矿石
丰富程度： 很常见

孔雀石做的戒指

孔雀石（$Cu_2(CO_3)(OH)_2$）
晶型： 单斜面晶系
颜色： 各种深浅的绿色
条痕色： 浅绿色
光泽： 金属光泽、丝质亚光
硬度： 3.5 ~ 4
密度： 3.9 ~ 4.1
其他特性： 非常珍贵的观赏石
丰富程度： 罕见

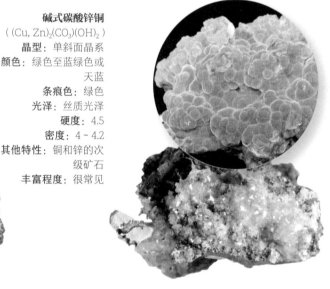

孔雀石和天青石

锆石（$Cu_3(CO_3)_2(OH)_2$）
晶型： 单斜面晶系
颜色： 各种深浅不一的蓝色
条痕色： 浅蓝色
光泽： 金刚砂光泽
硬度： 3.5 ~ 4
密度： 3.8
其他特性： 可作为非常精美的观赏石
丰富程度： 罕见

球菱钴矿（CoCO$_3$）
晶型：三角斜方晶系
颜色：紫色至粉色
条痕色：较浅的粉色
光泽：玻璃光泽，无光泽
硬度：4
密度：4.1
其他特性：重要的钴矿
丰富程度：罕见

菱锶砂（SrCO$_3$）
晶型：菱形晶系
颜色：白色、无色、灰色、棕色、
　　　绿色、红色、淡黄色
条痕色：白色
光泽：玻璃质光泽、树脂质光泽
硬度：3.5
密度：3.7
其他特性：可溶于稀释的酸，
　　　　　有流动性
丰富程度：非常罕见

产自美国伊利诺
伊州的菱锶砂

毒重石（BaCO$_3$）
晶型：菱形晶系
颜色：白色、灰色、无色、明黄
条痕色：白色
光泽：玻璃质光泽、树脂质光泽
硬度：3 ~ 3.5
密度：4.28
其他特性：有荧光和磷光
丰富程度：极为罕见

美国伊利诺伊州汉丁公司的萤石和毒重石

其他碳酸盐和硝酸盐

天然碱	**角铅矿**
化学式：Na$_3$(CO$_3$)(HCO$_3$) · 2 H$_2$O	化学式：Pb$_2$Cl$_2$CO$_3$
晶型：单晶系	晶型：四边形晶系
颜色：白色、淡黄色、灰色或棕褐色	颜色：无色至琥珀黄色
条痕色：白色	条痕色：白色
光泽：玻璃光泽	光泽：金刚砂光泽
透明度：透明至半透明	透明度：透明至半透明

 2.5 ~ 3　 2.11　　 3 ~ 3.5　 6 ~ 6.3

其他属性	**其他属性**
可以工业提取	黄色荧光

丰度　　　　　　　　　　　丰度

天青石和孔雀石

得益于其独特而靓丽的颜色，人们很容易从矿物中区分出天青石和孔雀石。具体来说，天青石是蓝色的，孔雀石是绿色的。

这几乎是这两种矿物唯一的区别，因为它们有着高度类似的化学结构，且通常伴生于铜矿的氧化表层。

产自纳米比亚矿床的天青石晶体通常呈深蓝色的完美棱柱状。

海蓝色天青石晶体

深邃而浓重的海蓝色正是这类天青石最显著的标志。在自然界中，海蓝色天青石通常呈细长的或片状的棱柱状晶体，有时呈多面状且饰有条纹，又或是呈放射状结构的聚合体。人们也曾在紧实的颗粒状、土状或块状的团块中发现这种矿物。它常常在岩石表层形成铜锈。从来源上来说，海蓝色天青石起源于碳酸盐溶液与硫化铜在铜矿表层的相互作用，常常与孔雀石、赤铜矿、方解石、辉铜矿、硅孔雀石和氯铜矿等矿物一起出现。

最美的天青石主要产自纳米比亚的楚梅布、法国的谢尔西、希腊的劳里翁、美国的撒丁和亚利桑那。而在澳大利亚的布罗肯山、智利、墨西哥、西伯利亚和伊拉克等地都有成簇状的天青石结晶体。

孔雀石
绿色大爆炸

与天青石一样，孔雀石凭借其别具一格、美丽动人的颜色而易于识别。它的颜色很少保持一致。常常在同一区域出现波浪状条纹。这些条纹有的是同心的，由黑色的条纹把绿色分割开。与天青石不同的是，分化良好的孔雀石晶体很少见，更多的是出现在具有纤维状或带状结构的凝固体中，或以钟乳状、圆形或针状的形态出现。孔雀石与天青石、赤铜矿和原生铜，均由硫化物和碳酸盐矸石反应形成，出现在铜矿的表面氧化区。

目前最大的孔雀石是19世纪末在乌拉尔的铁质黏土中开采出来的，重达50吨。尽管如今该矿床仍在开采，但其地位已被扎伊尔的加丹加矿床所取代。在德国、法国和美国亚利桑那州的一些矿区也有孔雀石晶体的开采。

赫赫有名的孔雀石沙龙，位于凡尔赛宫的小特里亚农宫内，人们在这里可以看到许多用孔雀石制成的华丽家具（桌子、烛台和高脚杯）。这些都是俄国沙皇赠予拿破仑·波拿巴的礼物。

亚石。这种粉末在中世纪被用作绘画中使用的油性清漆的着色颜料。孔雀石同样可以用作着色颜料。在着色时，这两种矿物都可以用来提取绿色的着色材料。

天青石和孔雀石的使用

天青石和孔雀石都是生产铜的次级矿石。它们的主要商业用途是作为切割珠宝的宝石和生产装饰品。在古时候，天青石常被用来制备一种粉末，称为山青石或亚美尼

在切割孔雀石时，人们可以看到它特有的同心状图案，让人联想到玛瑙也有类似的图案。

天然天青石和孔雀石的价格不像其他宝石那样高，但这丝毫不影响它们制成的珠宝的高贵华丽。

一般属性

名称： 天青石/孔雀石
形式： 碳酸铜二羟基化合物，在天青石中氧化程度较高
类别： 碳酸盐和硝酸盐
晶系： 单斜晶系

物理特性

颜色： 各式各样的蓝色/各式各样的绿色
条痕色： 淡蓝色/淡绿色
光泽： 从金刚砂光泽到土黄色光泽/钻石光泽，丝质光泽或无光泽
韧性： 易碎
透明度： 从半透明到不透明

 3.5 ~ 4　3.8 / 3.9 ~ 4.1

其他属性

完美的解理性和螺帽状断口
与稀盐酸一起会产生泡腾现象
易融化，由于大量失水，在融化后颜色变黑

丰度

硼酸盐

　　硼酸盐是由硼酸盐阴离子（BO_3^{3-}）与一种或多种金属结合构成。这种矿物起源于咸水湖盆地的干燥区域，在自然界中极为罕见。这里列举一些常用于提取硼及硼酸盐的材料：硼砂、硼钠钙石和硬硼钙石。

开采于玻利维亚查尔维里盐沼的硼砂

一般属性

名称：硼砂

化学式：$Na_2B_4O_5(OH)_4 \cdot 8H_2O$

类别：硼酸盐

晶系：单斜体晶系

外观：在棱柱状晶体中，外观形状不确定，呈土质的块状物和结壳。

物理特性

颜色：偏白至无色、灰色、淡黄色，个别极为少见的呈蓝色或绿色

条痕色：白色

光泽：油状光泽或油性光泽

韧性：易碎

透明度：不透明或半透明

 2～2.5　 1.71

其他属性

完美的解理性和螺帽状断口

可溶于水，易熔化并产生块状体

丰度

硼砂

　　硼砂是由大陆盐湖蒸发或干旱地区土壤风化形成的。世界上硼砂的主要矿藏位于美国加利福尼亚州和西南部的沙漠地区、玻利维亚、智利北部（阿塔卡马沙漠）和中亚的湖泊。质量最优的硼砂晶体则来自美国加利福尼亚州的鲍伦。

　　硼砂是提取硼、硼酸及其盐类的主要矿物，应用范围很广。具体来说，可用于洗涤剂、消毒剂、杀虫剂、钢铁焊接中的助焊剂、耐热玻璃（硼硒酸硬质玻璃）以及部分涂料的制造和制药业等。

硼钠钙石

硼钠钙石的特别之处在于，如果对这种矿物的晶体或任何碎片进行抛光，它们会显示出它背后的图像，就像这些图像被投射在里面一样。这种特别的属性使得它在美国有另外一个名字："电视石"。硼钠钙石是干旱湖泊中蒸发岩沉淀产生的，通常与硼砂和硝石一起出现。人们在智利及美国内华达州的沙漠中都发现了大量的硼钠钙石，在美国加利福尼亚州也发现了大量硼钠钙石晶体。

一般属性

名称： 硼钠钙石
化学式： $NaCaB_5O_6(OH)_6 \cdot 5H_2O$
类别： 硼酸盐
晶系： 三角晶系
外观： 以小节的形式出现，呈海绵状块状物，部分少见的呈晶体状

物理特性

颜色： 白色或无色
条痕： 白色
光泽： 丝绸光泽，略带缎面光泽
韧性： 易碎

 2.5　　1.95

其他属性

可溶于热水

极易融化：首先膨胀成白色，然后融化成透明的块状体

丰度

一般属性

名称： 硬硼钙石
化学式： $Ca_2B_6O_{11} \cdot 5H_2O$
类别： 硼酸盐
晶系： 单斜晶系
外观： 呈双锥体晶体、棱柱体晶体、颗粒状或海绵状

物理特性

颜色： 无色至乳白色
条痕色： 白色
光泽： 玻璃光泽到金刚砂光泽
韧性： 易碎
透明度： 透明或半透明

 4.5　　 2.42

其他属性

不溶于水，但溶于热盐酸
易融化，由于硼的作用，会被绿色火焰染色

丰度

硬硼钙石

硬硼钙石是通过温泉获得原料，由大陆盐湖蒸发沉淀形成。其主要矿藏位于美国加利福尼亚州（死亡谷和其他飞地）、智利、阿根廷、土耳其和哈萨克斯坦。

硫酸盐、钼酸盐和钨酸盐

硫酸盐、钼酸盐和钨酸盐矿物具有典型的四面体晶体结构，其矿物中硫、钼或钨的含量较高，位于晶体结构的中心，而氧原子位于结构的4个顶点。硫酸盐、钼酸盐和钨酸盐矿物常常是柔软、透明或半透明的，其中有许多是脆性易碎的。该类矿物的代表性例子有：石膏，矿藏最丰富的矿物之一，有许多实际用途；泻盐矿，用于造纸、制糖、制药和制革工业；天青石，用于核工业和烟火工业；重晶石，是提取钡的主要矿物；以及白钨矿和黑钨矿，都用于获得钨。

来自加拿大马尼托巴省
温尼伯市红河的石膏

石膏（$CaSO_4 \cdot 2H_2O$）
晶系：单斜晶系
颜色：无色、灰白色，各式各样的黄色到棕红色
条痕色：白色
光泽：在晶体中呈玻璃光泽和丝状光泽，在解理表面呈珠光
硬度：2
密度：2.32
其他特性：非常易融化，在火焰中变为不透明
丰富程度：非常普遍

来自摩洛哥都斯特的铅矾

铅矾（$PbSO_4$）
晶系：正方体晶系
颜色：淡黄色、无色或灰色
条痕色：白色
光泽：金刚砂光泽、无光泽等
硬度：3
密度：6.3
其他特性：紫外线下有黄色荧光
丰富程度：罕见

"沙漠玫瑰"

包边角质铅矾

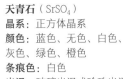

天青石（$SrSO_4$）
晶系：正方体晶系
颜色：蓝色、无色、白色、灰色、绿色、橙色
条痕色：白色
光泽：玻璃光泽或珍珠光泽
硬度：3 ~ 3.5
密度：3.96
其他特性：融化后形成一颗白色的珍珠
丰富程度：罕见

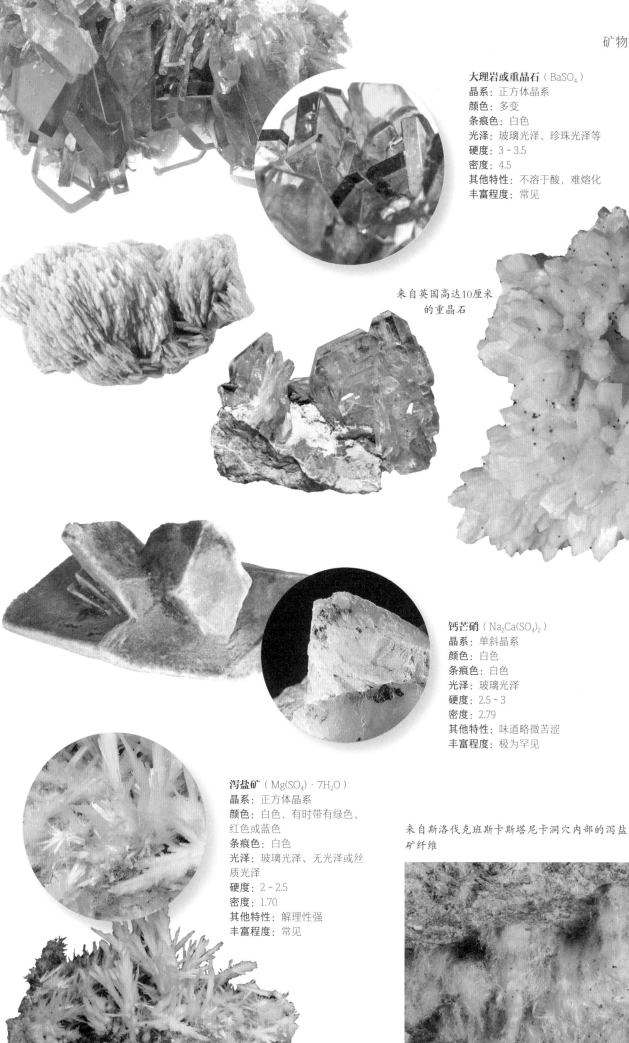

大理岩或重晶石（$BaSO_4$）
晶系：正方体晶系
颜色：多变
条痕：白色
光泽：玻璃光泽、珍珠光泽等
硬度：3 ~ 3.5
密度：4.5
其他特性：不溶于酸，难熔化
丰富程度：常见

来自英国高达10厘米
的重晶石

钙芒硝（$Na_2Ca(SO_4)_2$）
晶系：单斜晶系
颜色：白色
条痕色：白色
光泽：玻璃光泽
硬度：2.5 ~ 3
密度：2.79
其他特性：味道略微苦涩
丰富程度：极为罕见

泻盐矿（$Mg(SO_4)·7H_2O$）
晶系：正方体晶系
颜色：白色，有时带有绿色、
红色或蓝色
条痕色：白色
光泽：玻璃光泽、无光泽或丝
质光泽
硬度：2 ~ 2.5
密度：1.70
其他特性：解理性强
丰富程度：常见

来自斯洛伐克班斯卡斯塔尼卡洞穴内部的泻盐
矿纤维

青铅矿（$PbCu(SO_4)(OH)_2$）
晶系：单斜晶系
颜色：深蓝色
条痕色：蓝色略浅
光泽：玻璃光泽、金刚砂光泽等
硬度：2.5
密度：5.30
其他特性：融化后变黑
丰富程度：罕见

白钨矿（$CaWO_4$）
晶系：四边形晶系
颜色：白色、淡黄色、红灰色、绿色
条痕色：白色
光泽：玻璃光泽或金刚砂光泽
硬度：4～4.5
密度：5.9～6.1
其他特性：几乎透明
丰富程度：罕见

铬铅矿（$PbCrO_4$）
晶系：单斜晶系
颜色：红色
条痕：橙色
光泽：金刚砂光泽，略带油性光泽
硬度：2.5～3
密度：6
其他特性：半透明
丰富程度：极为罕见

钙铜矾（$CaCu_4(SO_4)_2(OH)_6 \cdot 3H_2O$）
晶系：单斜晶系
颜色：或多或少带有强烈的蓝绿色
条痕色：浅绿色
光泽：玻璃光泽
硬度：2
密度：3.13
其他特性：不溶于水，但可溶于硝酸
丰富程度：非常罕见

硬石膏（$CaSO_4$）
晶系：正方体晶系
颜色：无色至微蓝或紫色、白色、粉色、棕色或红棕色
条痕色：白色
光泽：在解理面有玻璃光泽、珍珠光泽等
硬度：3.5
密度：4.90
其他特性：用于生产硫酸
丰富程度：非常罕见

产自中国新疆维吾尔自治区
库鲁克塔格山的钼铅矿

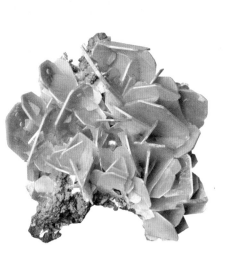

钼铅矿（$PbMoO_4$）
晶系：四边形晶系
颜色：橙色、红色、黄色、灰色、白色
条痕色：白色
光泽：玻璃光泽、金刚砂光泽等
硬度：3
密度：6.8
其他特性：易融
丰富程度：罕见

其他硫酸盐、钼酸盐和钨酸盐

硫酸钠

化学式：Na_2SO_4

晶系：正方体晶系

物理特性

颜色：无色或蓝白色

条痕色：白色

光泽：玻璃光泽或树脂质光泽

透明度：透明至半透明

 2.5 ~ 3　 2.66

其他属性

有轻微的苦味

丰度

来自捷克希诺瓦的黑钨矿

钨矿（$(Fe,Mn)WO_4$）
晶系：单斜晶系
颜色：黑色
条痕色：棕黑色
光泽：金属光泽或树脂光泽
硬度：4 ~ 4.5
密度：7 ~ 7.5
其他特性：从钨中获得
丰富程度：罕见

石膏

识别矿物不总是一件容易的事，因为许多矿物乍一看都极为相似。石膏的情况有所不同，分辨石膏的视觉测试非常简单，几乎不需要任何额外的线索。因为石膏是目前世界上最柔软的矿物之一（在莫氏硬度表上排名第二），并呈现出非常薄的片状及片状解理的特征。

同一矿物的不同名字

石膏是一种水合硫酸钙，在自然界以不同形式出现。尽管每种形式的石膏的属性和化学构成都是一样的，但每一种形式都有不同的名字。具体来说，当石膏以透明晶体的形式和块状集合体的形式出现时，也就是说，容易分离成或具有玻璃光泽的微晶石的时候，它被称为镜面石膏或亚硒酸盐。当石膏形成不

同的颜色（主要取决于它所含的杂质），不透明且无光泽的时候，则被称为块状石膏。当石膏的外观呈蜡质的块状物质，有时有明显的带状分布，颜色为浅色和半透明时，被称为雪花石膏。当石膏的聚合体是由细长的纤维状集合体构成时，被称为绢云母。图片中所示样本是由红色的沙粒构成的花瓣组成，被称为"沙漠玫瑰"。

沉积岩的起源

石膏是一种典型的化学来源产生的沉积矿物。它可以在富含硫酸盐和氯化物的海洋或盐湖中找到。具体来说，石膏是通过水蒸发后在炎热、干燥的环境中沉淀产生硫酸钙形成的。石膏也是矿物水化的产物，如矿物无水石（无水硫酸钙），先受到火山口硫黄水的作用，然后升华（直接从固体转变为气体，并

美国新墨西哥州卡鲁斯巴德洞的内部被钟乳石和石笋所覆盖并装点

一般属性

名称：石膏

化学式：$CaSO_4 \cdot 2H_2O$

类别：硫酸盐、钼酸盐和钨酸盐

晶系：单斜晶系

物理特性

颜色：无色、灰白色，各种色调的黄色至栗红色

条痕色：白色

光泽：在晶体中呈玻璃光泽和丝质光泽，在解理面呈珍珠状光泽

韧性：易碎，有一定的弯曲性，但没有弹性

特性：透明至半透明；有时在紫外光下显示发光

 2　 2.32

其他属性

可溶于盐酸和热水，易融，在火焰中会变得不透明

热传导指数低

丰度

未经过中间的液体状态），最后在火山温泉中沉淀而成，或通过黄铁矿中的硫酸与泥灰石和钙质黏土的方解石发生反应形成。

石膏飞地

石膏的主要沉积物位于德国的巴登、法国的巴黎盆地、意大利的博洛尼亚的黏土中，以及俄罗斯西乌拉尔和北高加索、加拿大的新斯科舍省、智利、墨西哥和乌兹别克斯坦。西班牙也有产量很大的石膏矿藏，尤其是在位于阿尔梅里亚的布比和巴拉哈的硒矿。位于墨西哥奇瓦瓦沙漠的奈卡矿，有着世界上最优质的亚硒酸盐晶体。最美的"沙漠玫瑰"则是在摩洛哥、突尼斯、阿尔及利亚、毛里塔尼亚，以及美国的亚利桑那州和新墨西哥州的沙漠中开采出来的。

这种矿物的用途

这种矿物的主要用途是制造石膏，应用于建筑。这种矿物在建筑中被用作添加剂，用以延缓水泥的凝固。同样，它也可以用于制造石膏、灰泥和模具。另外，它也是粉笔的主要成分。作为陶瓷熔剂，它可以与黏土混合成为肥料。雪花石、亚硒酸盐和缎纹石经过抛光和雕刻后用于装饰。"沙漠玫瑰"作为收藏品和装饰品，用于观赏。

硒矿可以构成岩石的一部分，被称为石膏。也可以作为一种矿物，因为石膏正是硒矿的主要成分。

在法老图坦卡蒙（公元前1333—前1323年）墓中发现的宝藏——雪花石膏器皿。

磷酸盐、砷酸盐和钒酸盐

磷酸盐、砷酸盐和钒酸盐是由磷酸盐（PO_4^{3-}）、砷酸盐（AsO_4^{3-}）、锑酸盐（SbO_4^{3-}）或钒酸盐（VO_4^{3-}）阴离子与一种或多种金属结合形成的。有时候，磷酸盐、砷酸盐和钒酸盐还含有水分子。尽管这种矿物在自然界中藏量并不丰富，但它的化学结构使其特点多种多样，种类的数量上也非常多。该类矿物中，唯一一种藏量相对较为丰富的是磷灰石。磷灰石是一组矿物的总称，其基本化学成分是通过磷酸钙与氯（Cl^-）、氟（F^-）或羟基（OH^-）阴离子相结合而成的。根据这些阴离子中谁占主导地位，该矿物可以被分为氯磷灰石、氟磷灰石和羟基磷灰石。最漂亮和优质的磷灰石晶体常被用作半宝石，其余的则在化肥工业中被广泛用于生产磷和磷酸。

磷灰石
（$Ca_5(PO_4)_3(F,Cl,OH)$）
晶系： 六角形晶系
颜色： 无色、黄色、绿色、棕色，更罕见的是蓝色或红色
条痕色： 白色
光泽： 从玻璃质光泽到蜡质光泽
硬度： 5
密度： 3.2
其他特性： 部分磷灰石品种在加热时会失去颜色
丰富程度： 非常普遍

蓝磷灰石

黄磷灰石

产自美国华盛顿的
钙铀云母

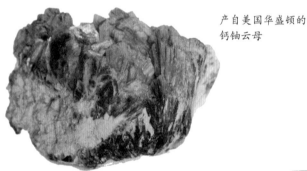

磷酸铁锰（$Mn, Fe(PO_4)$）
晶系： 菱形晶系
颜色： 紫粉色
条痕色： 深红色
硬度： 4~4.5
光泽： 缎面光泽或亚金属光泽
密度： 3.4
其他特性： 可溶于盐酸
丰富程度： 非常罕见

钙铀云母（$Ca(UO_2)_2 \cdot 10\text{-}12H_2O$）
晶系： 四边形晶系
颜色： 黄色，绿黄色
条痕色： 淡黄色
光泽： 金刚砂光泽至玻璃光泽
硬度： 2~2.5
密度： 3.1
其他特性： 放射性和紫外线下产生荧光
丰富程度： 罕见

独居石（$(CE, La, Nd, Th, Y)PO_4$）
晶系： 单斜晶系
颜色： 黄色至红棕色
条痕色： 接近白色的浅黄色
光泽： 树脂质光泽
硬度： 5~5.5
密度： 4.6~5.4
其他特性： 半透明；可以获取钍和铈
丰富程度： 常见

用绿松石制作的珠宝首饰

绿松石（$CuAl_6(PO_4)_4(OH)_8 \cdot 4H_2O$）
晶系： 单斜晶系
颜色： 特有的蓝色（绿松石）或淡绿色
条痕色： 较浅的蓝色或绿色
光泽： 玻璃光泽，部分无光泽或蜡质光泽
硬度： 5~6
密度： 2.7
其他特性： 作为价格高昂的装饰性石材
丰富程度： 极为罕见

来自墨西哥的蓝色绿松石

其他磷酸盐、砷酸盐和钒酸盐

副磷铁铝矿

化学式： $FeAl_2(PO_4)_2(OH)_2 \cdot 8H_2O$
晶系： 三线晶系
颜色： 无色至白色，略浅绿色色调
条痕色： 白色
光泽： 玻璃光泽，珍珠光泽
透明度： 透明，半透明

 3　 2.36

其他属性

脆性，有螺状断口

丰度

磷铝钠石

化学式： （$NaAl_3(PO_4)_2(OH)_4$）
晶系： 单环晶系
颜色： 黄色、绿黄色
条痕色： 淡黄色
光泽： 玻璃光泽
透明度： 透明

 5.5　 3

其他属性

脆性，有螺状断口

丰度

泥灰岩

化学式： $(Fe, Mg, Mn)(SO_4)_2 \cdot 4H_2O$
晶系： 单斜体晶系
颜色： 各式各样的绿色
条痕色： 白色
光泽： 玻璃质光泽
透明度： 透明，半透明

 3.5　 3.1~3.2

其他属性

会缓慢地被酸侵蚀

丰度

钴华

化学式： $CO_3(AsO_4)_2 \cdot 8H_2O$
晶系： 单斜体晶系
颜色： 略带紫色，各式各样的粉红色
条痕色： 粉红色
光泽： 金刚砂光泽至玻璃光泽
透明度： 透明至半透明

 4.5~5　 4~4.6

其他属性

可溶解于酸

丰度

钒钾铀矿

化学式： $K_2[(UO_2)_2(V_2O_8)] \cdot 3H_2O$
晶系： 单斜体晶系
颜色： 金丝雀黄
条痕色： 黄色
光泽： 珠光光泽、亚光光泽或土质光泽
透明度： 不透明

其他属性

高辐射性

丰度

 2　　4.7~5

羟砷锌矿石内部被铜染
成了绿色。

羟砷锌矿（$Zn_2(AsO_4)(OH)$）
晶系： 正方体晶系
颜色： 非常浓重的绿色、黄色、
白色、紫色、粉红色和蓝色
条痕色： 白色
光泽： 玻璃光泽
硬度： 3.5
密度： 4.3 ~ 4.5
其他特性： 在紫外光下会发出黄绿
色的荧光
丰富程度： 极为罕见

蓝铁矿（$Fe_3(PO_4)_2 \cdot 8H_2O$）
晶系： 单斜晶系
颜色： 无色、深绿松石色或深绿色、
蓝色或偏黑色
条痕色： 无色或非常浅的绿色
光泽： 玻璃光泽
硬度： 1.5 ~ 2
密度： 2.65
其他特性： 易融化
丰富程度： 非常罕见

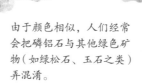

磷铝石（$AlPO_4 \cdot 2H_2O$）
晶系： 正方体晶系
颜色： 绿色至蓝绿色
条痕色： 较浅的绿色
光泽： 弱蜡质光泽
硬度： 3.5 ~ 5.5
密度： 2.5
其他特性： 受热后褪色
丰富程度： 极为罕见

由于颜色相似，人们经常
会把磷铝石与其他绿色矿
物（如绿松石、玉石之类）
弄混淆。

磷氯铅矿（$Pb_5Cl(PO_4)_3$）
系统： 六角形
颜色： 各种浅绿色、黄色、橙色、
褐色、灰色或白色
条痕色： 白色
光泽： 金刚砂光泽至深色玻璃质光泽
硬度： 3.5 ~ 4
密度： 7.04
其他特性： 可溶于酸
丰富程度： 常见

黄色的磷氯铅矿

铜铀云母
（$Cu(UO_2)_2(PO_4)_2 \cdot 8\text{-}12H_2O$）
晶系： 四边形晶系
颜色： 非常强烈的绿色
条痕色： 较浅的绿色
光泽： 玻璃光泽
硬度： 2 ~ 2.5
密度： 3.22 ~ 3.28
其他特性： 有放射性，可以提取铀
丰富程度： 罕见

钒钛矿（Pb₅(VO₄)Cl）
晶系：六角形晶系
颜色：红宝石色、橙黄色或棕色
条痕色：较浅至白色
光泽：金刚砂光泽至树脂质光泽
硬度：3
密度：6.9
其他特性：易熔，且可溶于酸
丰富程度：罕见

波纹石
（Al₂(PO₄)₂(OH, F)·5H₂O）
晶系：正方体晶系
颜色：白色和各式各样的黄色、
　　　绿色、棕灰色、黑色
条痕色：白色
光泽：玻璃光泽或珍珠光泽，部
　　　分情况下为树脂质光泽
硬度：3~4
密度：2.3~2.4
其他特性：易溶于酸
丰富程度：极为罕见

水钒铜矿
（Cu₃(VO₄)₂·3H₂O）
晶系：单斜晶系
颜色：橄榄绿或黄绿色
条痕色：鲜绿色
光泽：玻璃光泽，
　　　油性光泽，珍珠光泽
硬度：3.5
密度：3.5~3.8
其他特性：可溶于酸
丰富程度：极为罕见

钒铅锌矿（PbZn(VO₄)(OH)）
晶系：正方体晶系
颜色：深棕色至棕红色
条痕色：棕色至浅绿色
光泽：金刚砂光泽至树脂质光泽
硬度：3.5
密度：5.5~6
其他特性：可溶于酸
丰富程度：极为罕见

天蓝石（(Mg, Fe)Al₂[OH(PO₄)]₂）
晶系：单斜晶系
颜色：深蓝色
条痕色：白色至淡蓝色
光泽：玻璃光泽
硬度：5.5~6
密度：3.1
其他特性：加热后褪色且断裂
丰富程度：极为罕见

天蓝石制作的首饰

砷铅矿（Pb₅(AsO₄)Cl）
晶系：六角形晶系
颜色：黄色，有时带褐色或绿色
条痕色：白色至浅黄色
光泽：金刚砂光泽至树脂质光泽
硬度：3.5~4
密度：7.24
其他特性：熔化时，会释放出大
量类似大蒜气味的蒸汽
丰富程度：极为罕见

其他磷酸盐、砷酸盐和钒酸盐

橄榄铜矿

化学式：Cu₂(OH)(AsO₄)

晶系：菱形晶系

颜色：橄榄绿至黄棕色

条痕色：黄色

光泽：接近金刚砂光泽、蜡质光泽

透明度：亚透明至不透明

 3　 4.3

其他属性

半透明和透明

丰度

锂铁矿

化学式：Cu₂All(OH)₄AsO₄l·4H₂O

晶系：单斜晶系

颜色：天蓝色或偏绿色

条痕色：浅蓝色，有绿色的条纹

光泽：玻璃光泽

透明度：透明至半透明

 2~2.5　 6~6.3

其他属性

有黄色荧光

丰度

绿松石

绿松石是一种格外美丽的石头，它的名字来源于法语的"pierre turquoise"（土耳其石）。尽管绿松石并非起源于土耳其，但土耳其是唯一将它商业化并作为宝石引入欧洲的国家。其实，绿松石真正来源于伊朗的矿藏。

大大小小的天然绿松石块

可变的属性

从化学上来说，绿松石是一种水合磷酸铜铝。在正常情况下，绿松石的化学成分中含有35.03%的氧化铝、34.18%的氧化磷、8.57%的氧化铜、1.44%的氧化铁和19.38%的水。根据它的化学成分的细微不同，它的物理性质，如光泽、密度、孔隙率，以及颜色等都略有差异。绿松石偏蓝的色调（价值较高）是由于其中含有的铜，而偏绿的绿松石则是由铁或水的含量高所决定

的。另外，在绿松石中棕色、灰色或黑色的矿脉也很常见，这是由于源岩中存在其他矿物。

储藏不丰富

绿松石是一种罕见的矿物质，它在中国古代社会中是作为一种副产品被使用的。具体来说，是在富含磷灰石的铝质岩石的改变过程中产生的次级产品。富含磷灰石和黄铜矿的含铝岩石，多出产于干旱和沙漠气候区。而绿松石则常常

与褐铁矿和玉髓一起出现。目前人们开采出来的最美丽的偏蓝绿松石的矿藏位于伊朗的尼沙普尔、埃及的西奈半岛和乌兹别克斯坦的撒马尔罕。除此之外，在墨西哥、智利北部、澳大利亚和中国也有绿松石的开采区。相较而言，来自美国新墨西哥州、加利福尼亚州和内华达州的绿松石则不太受待见，因为这些地方产出的绿松石带有绿色色调，与价格高昂的蓝色调绿松石有差别。

现代带有绿松石的首饰和银饰

有一些与绿松石相似的矿物，如硅孔雀石，这种矿物也含有铜和铝。但它并不是磷酸盐而是硅酸盐。另外，硅孔雀石的硬度也比绿松石更低。

美丽的宝石

　　绿松石的主要用途之一是观赏把玩。作为观赏石，绿松石价格高昂。但这种观赏用途并非当下流行，而是在许多重要的古代文明中曾被用作君主和贵族等重要人物的装饰品。在埃及，人们从公元前6000年左右就开始开采绿松石，它被认为是哈托尔女神送给人类的礼物。在伊朗，人们开始开采绿松石的时间在公元前5000年左右。阿拉

古埃及用绿松石制作的伤疤形状的护身符，用于祈求好运。

伯人称它为"幸运石"；土耳其人称它为"骑士的护身符"。在美洲，印加人和阿兹特克人将其用于点缀各种仪式上的面具和刀具，同时也象征着统治者的财富和权力。比如说，在阿兹特克皇帝蒙特苏马二世（1466—1520）的宝藏中，人们发现了一条用绿松石雕刻而成的蛇。除此之外，北美洲和中美洲的印第安部落认为绿松石是一种神圣的石头，因此阿帕奇的巫师们总会在他们的药袋里装着一块绿松石。而纳瓦霍人则会把绿松石磨碎，用它的

一般属性

名称：绿松石

化学式：$CuAl_6(PO_4)_4(OH)_8 \cdot 4H_2O$

类别：磷酸盐、砷酸盐和钒酸盐

晶系：单斜晶系

类别：磷酸盐、砷酸盐和钒酸盐

外观：通常呈块状、结节状及微晶状的微晶石；内部常填充有各种类型的岩石。个别情况下会有棱镜状晶体

物理特性

颜色：绿松石特有的淡蓝色或淡绿色

条痕色：极浅的蓝色，几近发白或发绿

光泽：玻璃光泽，略无光泽或蜡质光泽

韧性：极脆

透明度：不透明至半透明，仅在极薄的切片中呈半透明状

 5~6　　2.7

其他属性

受热时可灌注，可以在热盐酸中溶解，可以在同一方向上完全解理；螺状断口

丰度

粉末在地上画图来召唤雨水。即使在今天，绿松石仍然有着许多神奇的光环。在印度等国家，人们用绿松石来装饰大象。

天然绿松石和抛光过的绿松石，从图中可以看出它们呈现的不同颜色。

硅酸盐的构造

硅酸盐类别的矿物是由二氧化硅（SiO₂）与其他金属氧化物结合形成的。硅酸盐类矿物是地壳中储量最丰富的矿物，80%的岩石圈几乎都是由这种矿物构成。由于它们的结构纷繁复杂，人们把硅酸盐类的矿物具体细分为6种，在此我们将分别加以具体的解释和说明。接下来的几页将专门介绍硅酸盐的构造。硅酸盐由四面体晶体构成，这些四面体晶体结合后形成一个三维晶格，其中的每个氧原子被两个硅原子共享。一般情况下，硅酸盐矿物是无色、白色或淡灰色的。最有代表性的硅酸盐矿物有各式各样的石英、长石（白云石、霞石）和沸石（钠晶石、霞石）。

岩晶石

红玉髓

石英石（SiO₂）
晶系：三角晶系
颜色：非常多样
条痕色：无色或白色
光泽：石英石晶体有明显的玻璃光泽，石英石玉髓则不透明
硬度：7
密度：2.53～2.65
其他特性：强压电性
丰富程度：非常普遍

黄水晶或
假黄玉

绿玉髓

白云石（(Na,Ca)₇₋₈ (Al, Si)₁₂(O, S)₂₄ [(SO₄), Cl₂, (OH)₂]）
晶系：立方晶系
颜色：深浅不一的蓝色，有时略带紫色、绿色或淡红色
条痕色：无色
光泽：玻璃光泽
硬度：5～5.5
密度：2.4
其他特性：不透明观赏性的石头
丰富程度：非常罕见

钠长石（NaAlSi₃O₈）
晶系：三斜面晶系
颜色：无色、白色或灰色，部分极为罕见的呈浅绿色、微黄或微红
条痕色：无色
光泽：玻璃光泽
硬度：6～6.5
密度：2.63
其他特性：不溶于除盐酸外的所有酸
丰富程度：常见

它的名字来源于阿拉伯语"lazurd"，意为"天空"。

蛋白石（$SiO_2 \cdot nH_2O$）
晶系：无定形、半定型
或微晶晶系
颜色：无色和许多浅色
条痕色：无色
光泽：玻璃状略带树脂
状光泽
硬度：7
密度：2.65
其他特性：宝石和
半宝石
丰富程度：非常罕见

蛋白石当属最有价值
的珠宝之一，它色彩
斑斓、美丽动人。

方钠石（$Na_8(AlSiO_4)_6Cl_2$）
晶系：立方晶系
颜色：蓝色或绿灰色，部分极
为罕见的呈粉红色
条痕色：无色
光泽：玻璃光泽、粗糙光泽等
硬度：5.5～6
密度：2.3
其他特性：作为观赏石使用
丰富程度：常见

透锂长石（$LiAlSi_4O_{10}$）
晶系：单斜晶系
颜色：无色、白色或浅灰色
条痕色：白色
光泽：玻璃光泽或石珊瑚光泽
硬度：6～6.5
密度：2.41
其他特性：完美解理性
丰富程度：常见

其他构造的硅酸盐

霞石

化学式：Na, $KAlSiO_4$

晶系：六边形晶系

物理特性

颜色：无色、白色或淡黄色

条痕色：白色

光泽：晶体呈玻璃光泽，或以块状
呈油性光泽

透明度：不透明到透明

 5.5～6 KG 2.6

其他属性

难以融化

丰度

玄武岩中的白晶石

白云石（$KAlSi_2O_6$）
晶系：四边形晶系
颜色：白色或淡灰色
条痕色：无色或白色
光泽：玻璃光泽、粗糙光泽等
硬度：6
密度：2.5
其他特性：可以被盐酸侵蚀
丰富程度：非常普遍

正长石（$KAlSi_3O_8$）
晶系：单斜晶系
颜色：无色、白色、灰色、浅粉红色；
部分极为罕见的呈黄色或绿色，其中透
明的和有光泽的品种被称为"冰长石"
或是"月光石"
条痕色：白色
光泽：玻璃光泽
硬度：6～6.5
密度：2.5
其他特性：脆弱而完美的解理作用
丰富程度：常见

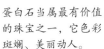

冰长石或月亮石

微斜长石经过抛光可以作为装饰材料。

微斜长石（KAlSi$_3$O$_8$）
晶系： 三斜面晶系
颜色： 白色至淡黄色，绿色的微斜长石被称为"亚马孙石"
条痕色： 白色
光泽： 玻璃光泽
硬度： 6~6.5
密度： 2.5
其他特性： "亚马孙石"常被用作宝石
丰富程度： 非常普遍

月桂矿
（Ca(AlSi$_2$O$_6$)$_2$·4H$_2$O）
晶系： 单斜晶系
颜色： 粉色或黄色
条痕色： 白色
光泽： 玻璃光泽至类似石珊瑚质光泽
硬度： 3~4
密度： 2.3
其他特性： 在光线下会变为不透明
丰富程度： 非常普遍

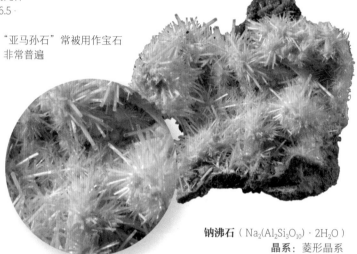

钠沸石（Na$_2$(Al$_2$Si$_3$O$_{10}$)·2H$_2$O）
晶系： 菱形晶系
颜色： 无色、白色、粉红色或黄色
条痕色： 白色
光泽： 玻璃光泽至类似石珊瑚的光泽或蜡质状光泽
硬度： 2~2.5
密度： 2.20~2.26
其他特性： 可溶于强酸
丰富程度： 常见

钙沸石（Ca(Al$_2$Si$_3$O$_{10}$)·3H$_2$O）
晶系： 单斜晶系
颜色： 无色或白色
条痕色： 白色
光泽： 玻璃光泽到蜡质光泽
硬度： 5~5.5
密度： 2.26~2.40
其他特性： 易碎的且有完美解理性
丰富程度： 普遍

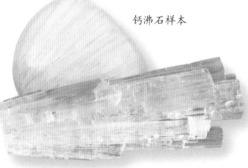

钙沸石样本

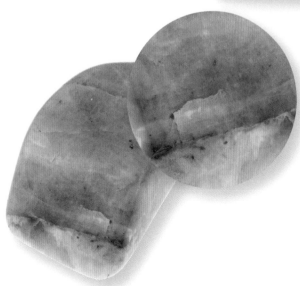

坎克林石
（Na$_6$Ca[CO$_3$(AlSiO$_4$)$_6$]·2H$_2$O）
晶系： 六角形晶系
颜色： 紫罗兰色、无色、白色、黄色、淡红色
条痕色： 白色
光泽： 玻璃状至石珊瑚状光泽或油脂状光泽
硬度： 5~6
密度： 2.5
其他特性： 可溶于浓盐酸，产生泡沫
丰富程度： 罕见

其他构造的硅酸盐

透长石

化学式：(K, Na)AlSi$_3$O$_8$

晶系： 单斜晶系

物理特性

颜色： 无色或淡白色，部分极为罕见的呈灰色或黄色

条痕色： 白色

光泽： 玻璃光泽

透明度： 透明至半透明

 6~6.5　 2.5

其他属性

只能被氢氟酸侵蚀

丰度

青金石
((Na, Ca)$_{8\text{-}4}$(SO$_4$)$_{2\text{-}1}$/(AlSiO$_4$)$_6$)
晶系：立方晶系
颜色：绿色、蓝色和白色
条痕色：白色
光泽：玻璃光泽或油状
　　　光泽
硬度：5.5～6
密度：2.44～2.5
其他特性：可融于蓝绿色玻
　　　　　璃中
丰富程度：罕见

抛光过的拉长石

凸圆形的
拉长石

一面抛光的半宝石
拉长石

拉长石
((Ca, Na)(Si, Al)$_4$O$_8$)
晶系：三斜面晶系
颜色：蓝色、淡绿色或无色
条痕色：白色
光泽：亚玻璃光泽至无光泽
硬度：6～6.5
密度：2.7
其他特性：用于制作珠宝首饰
丰富程度：非常普遍

片沸石（Ca(Al$_2$Si$_7$O$_{18}$)·6H$_2$O）
晶系：单斜晶系
颜色：橙红色、绿色或黄色
条痕色：白色
光泽：玻璃光泽至石珊瑚质光泽
硬度：3～3.5
密度：2.2
其他特性：脆弱而完美的解理作用
丰富程度：常见

一块产自意大利
的片沸石

柱沸石（Ca(Al$_2$Si$_7$O$_{18}$)·7H$_2$O）
晶系：单斜晶系
颜色：无色、白色、浅粉红色、浅黄色
条痕色：白色
光泽：玻璃光泽至石珊瑚状光泽
硬度：4
密度：2.1
其他特性：透明或半透明
丰富程度：常见

硅酸硼钙石（CaB$_2$(SiO$_4$)$_2$）
系统：正方体
颜色：无色、白色、黄色、橙
　　　色、淡粉色
条痕色：无色
光泽：玻璃光泽
硬度：7～7.5
密度：2.65
其他特性：防止酸侵蚀
丰富程度：罕见

硅酸硼钙石与
黄玉极为类似，
也常被用于制
作珠宝首饰。

石英

　　石英是地壳中贮藏量最丰富的矿物之一（按体积计算占比为12%），也是最坚硬、最耐风化过程（由大气或生物因素导致岩石的崩解或分解）的矿物之一。在石英的"优点"清单上还必须加上的一个事实是：由于它是人们迄今为止发现并且占有的品种最多的矿物之一，石英的许多品种被用作价值中等的宝石。

岩晶石

透明的

玛瑙

鲜艳的颜色带与边缘平行

乳白色石英

不透明的白色

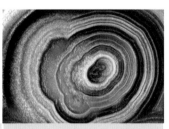

镍合金

浅色带和深色带交替出现

紫晶

透明的紫罗兰色

红玉髓

橙红色

玫瑰石英石

粉红色

鸡血石

绿色带红色斑点

孔波斯特拉产的锆石

不透明的红色

金刚石

黄绿色或绿苹果色

黄玉或假黄晶

透明的黄色

硬水铝石

不透明且非常均匀

烟色石英

灰色或烟色

虎眼石

有黄色色带

假蓝宝石

蓝色

砂金石

绿色或深黄色

女士饰品，由玫瑰石英石制成的项链、耳环、戒指和手镯。

在自然界中

石英是岩浆在任一阶段直接结晶形成的。无论是在板岩（片麻岩、花岗岩）、闪长岩（伟晶岩），还是火山岩（斑岩）之中，石英的藏量都非常丰富。除此之外，它也存在于变质岩和沉积岩中。另外，石英的品种繁多，如透明石英、烟色石英、紫水晶或玫瑰石英等。也可能会出现在不同类型的岩石中的阳面。由于其异常丰富，不同品种的石英存在于世界各地，本书不可能列举其所有的矿藏。

石英是一种非常耐风化的矿物。石英被风化后，并不会形成新的矿物，只是解体成更小的颗粒或晶体。

工业用途

石英的属性决定了它具有多种用途。得益于其强压电特性（受到机械应力时出现电荷），石英非常适用于制造压力表和波浪稳定器。比如说，它的光学特性使它可以用于偏振测量、制造棱镜和分光镜，它的硬度适用于制造优质磨料。除此之外，石英也被广泛应用于玻璃、搪瓷、耐火材料的制造，以及精密机械行业。

珠宝中的运用

所有品种的石英都适合加工。若有需要，对其抛光很容易，适当的加工可让石英拥有非常高的审美价值。而那些外观最美丽动人的石英晶体，传统上都用于制作珠宝首饰。一些以紧凑的块状呈现的石英品种，几乎都被用作了装饰石。

一般属性

名称：石英

化学式：SiO_2

类别：硅酸盐

晶系：三角形晶系

外观：六方棱柱状晶体，以三棱锥为冠，形状非常美观，有时尺寸较大，单独出现或聚集在晶体或晶核之中

物理特性

颜色：见第64页插图

条痕色：无色或白色

光泽：在晶体中为强烈的玻璃光泽，在玉髓石中为不透明光泽

韧性：易碎

透明度：透明至半透明；加热时发光

 7   KG 2.53 ~ 2.65

其他属性

非解理性，有螺状断口，除氢氟酸外，不能用任何其他的酸处理，有强烈的压电性和热释电能力

丰度

用于激光色谱实验的石英试管

植物硅酸盐

植物硅酸盐亚群矿物的晶体结构由相连的四面体组成，这些四面体形成六方环，并分层排列。因此，最终形成的硅酸盐晶体，是由几个六方环叠加后层层组成的。所有这些硅酸盐的一个共同特点是，它们都很柔软，密度不大。最重要的是，它们能成片地解理。与前者一样，磷酸盐在地壳中广泛存在，是许多岩石成分之一。而蕴含磷酸盐最丰富的有：高岭土，主要用于制作瓷器、橡胶和造纸工业；锂云母，是铝和其他金属的硅酸盐，如麝香石、鳞片石和生物石；蛇纹石，用于建筑和涂料；以及滑石，用于橡胶、造纸、纺织、化妆品和染料工业。

硅孔雀石（$(Cu, Al)_2H_2Si_2O_5(OH) \cdot nH_2O$）
晶系：无定形
颜色：蓝色或绿色
条痕色：白色
光泽：玻璃光泽或无光泽
硬度：2 ~ 4
密度：2.3
其他特性：圆锥体断口
丰富程度：常见

黑云母
（$K(Mg, Fe)(Al, Fe)Si_3O_{10}(OH, F)_2$）
晶系：单斜晶系
颜色：黑色、棕色或深绿色、黄色（罕见）
条痕色：白色
光泽：玻璃光泽、珍珠状光泽、亚金属光泽
硬度：2.5 ~ 3
密度：3
其他特性：几乎不能熔断
丰富程度：非常普遍

金云母
（$KMg_3Si_3AlO_{10}(F, OH)_2$）
晶系：单斜晶系
颜色：浅绿色、浅褐色、浅黄色、浅棕红色
条痕色：白色
光泽：珠光光泽
硬度：2 ~ 2.5
密度：2.8
其他特性：易解理，非常有弹性
丰富程度：非常普遍

葡萄石
（$Ca_2Al_2Si_3O_{10}(OH)_2$）
晶系：正方体晶系
颜色：浅绿色
条痕色：白色
光泽：玻璃光泽或蜡质光泽
硬度：6 ~ 6.5
密度：2.9
其他特性：可在盐酸中缓慢溶解
丰富程度：常见

滑石（$Mg_3Si_4O_{10}(OH)_2$）
晶系：单斜晶系
颜色：白色、浅粉红色、淡绿色、淡黄色，黑色
条痕色：白色或比绿色更浅的颜色
光泽：粗糙光泽、蜡质光泽或丝质光泽，有时呈珠光
密度：2.6 ~ 2.7
硬度：1 ~ 1.5
其他特性：导热性差，可灌注且不溶
丰富程度：非常普遍

锂铁矿（$K(Li, Al)_3(Si, Al)_4O_{10}(F, OH)_2$）
晶系：单斜晶系
颜色：灰白色或紫粉色
条痕色：白色
光泽：珠光光泽
硬度：2.5 ~ 3
密度：2.8 ~ 3.3
其他特性：不溶于酸，易解理
丰富程度：常见

钾云母（$KAl_2(Si_3Al)O_{10}(OH, F)_2$）
晶系：单斜晶系
颜色：无色、淡黄、绿色、棕色、褐色或红色
条痕色：白色或无色
光泽：玻璃光泽到丝状光泽或珠光光泽
硬度：2 ~ 2.5
密度：2.8
其他特性：以片状形式解理
丰富程度：很常见

锂云母
(KLiFeAll(F, OH)₂AlSi₃O₁₀])
晶系：单斜晶系
颜色：介于银灰色和棕色
条痕色：白色
光泽：玻璃光泽或石珊瑚光泽
硬度：3.5 ~ 4
密度：2.9 ~ 3.1
其他特性：可熔，使得火焰呈深
红色
丰富程度：常见

海泡石
(Mg₄Si₆O₁₅(OH)₂ · 6H₂O)
晶系：正方体晶系
颜色：白色或黄灰色
条痕色：白色
光泽：无光泽
硬度：2 ~ 2.5
密度：2 ~ 2.3
其他特性：高吸收能力
丰富程度：常见

其他植物硅酸盐

橄榄石

化学式：(Al₂Si₄O₁₀(OH)₂)

晶系：单斜晶系

颜色：白色、淡黄色、淡绿色

条痕色：白色

光泽：玻璃光泽

透明度：透明至半透明

 2.6　 2.9

其他属性

只有通过分析其化学成分和X射线分析才能把橄榄石与滑石区分开来

丰度

具有观赏性的抛光蛇纹石

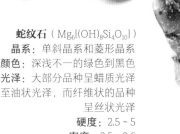

蛇纹石 (Mg₆[(OH)₈Si₄O₁₀])
晶系：单斜晶系和菱形晶系
颜色：深浅不一的绿色到黑色
光泽：大部分品种呈蜡质光泽
至油状光泽，而纤维状的品种
呈丝状光泽
硬度：2.5 ~ 5
密度：2.5 ~ 2.6
其他特性：呈片状时可解理
丰富程度：非常普遍

铬云母 (K(Al, Cr)₂[(OH, F)₂AlSi₃O₁₀])
晶系：单斜晶系
颜色：或多或少的浓绿色
条痕色：白色
光泽：玻璃光泽或珍珠状光泽
硬度：2 ~ 2.5
密度：2.88
其他特性：不规则断裂
丰富程度：罕见

海绿石

化学式：(K, Na, Ca)<₁(Al, Fe, Mg)₂
[(OH)₂Al₀.₃₅Si₃.₆₅O₁₀]

晶系：单斜晶系

颜色：绿色、蓝绿色、淡黄色、黄绿色

条痕色：亮绿色

光泽：土质光泽或油状光泽

透明度：半透明至不透明

 2　 2.5 ~ 2.8

其他属性

熔化困难

丰度

硅镁镍矿 ((NiMg)₆[(OH)₈Si₄O₁₀])
晶系：单斜晶系
颜色：绿色
条痕色：浅绿色
光泽：油状光泽或土质光泽
硬度：2 ~ 4
密度：2.3 ~ 2.5
其他特性：可溶于热盐酸
丰富程度：常见

异硅酸盐

异硅酸盐的晶体结构是由四面体连接形成的。四面体内生成单链，其中每个四面体与另外两个四面体连接形成链（辉石），又或是其中两个单链相连接（闪石）。前者所指辉石，由大约21种矿物组成，是一种富含铁和镁的岩浆岩石内部的特别成分。后者指闪石亚群，囊括超过80种矿物，在化学构成上丰富多样。一般来说，异硅酸盐通常含有钙、铁、镁和羟基（OH^-）。在特殊情况下，羟基可能会被个别卤化物、氯化物或氧化物离子取代。

硅灰石（$CaSiO_3$）
晶系：三斜晶系
颜色：白色、黄色、棕色或红色
条痕色：白色
光泽：玻璃光泽或丝绸光泽
硬度：4.5 ~ 5
密度：2.85
其他特性：可溶于强酸
丰富程度：罕见

透闪石
（$Ca_2Mg_5Si_8O_{22}(OH)_2$）
晶系：单斜晶系
颜色：颜色可变，从白色到绿色
条痕色：白色或浅绿色
光泽：玻璃光泽，通常在棱镜区呈丝状光泽
硬度：5 ~ 6
密度：3
其他特性：透明或半透明的
丰富程度：非常普遍

绿辉石（$NaFeSi_2O_6$）
晶系：单斜面晶系
颜色：黑色、绿黑色、绿色、棕色、红色
条痕色：黄灰色到棕色
光泽：玻璃质光泽到树脂质光泽
硬度：6 ~ 6.5
密度：3.52
其他特性：不透明至半透明
丰富程度：常见

角闪石
（$(Ca, Na, K)_{2-3}(Mg, Fe, Al)_5$ $[(F, OH)_2(Si, Al)_2(Si_6O_{22})]$）
晶系：单斜晶系
颜色：黑色或深绿色
条痕色：绿白相间
光泽：玻璃光泽
硬度：5 ~ 6
密度：3 ~ 3.4
其他特性：不规则断口、不完美的解理性
丰富程度：非常普遍

锂辉石（$AlLiSi_2O_6$）
晶系：单斜面晶系
颜色：白色、淡黄色、灰白色、粉红色（昆仑石）、绿色（祖母绿石）
条痕色：白色
光泽：玻璃光泽，解理后有珍珠光泽
硬度：6.5 ~ 7
密度：3.2
其他特性：不溶于水，易融
丰富程度：常见

透辉石（$CaMgSi_2O_6$）
晶系：单斜晶系
颜色：白色、绿色、浅蓝色、淡黄色、褐色
条痕色：白色或灰绿色
光泽：树脂质光泽到无光泽
硬度：5 ~ 6
密度：3.3
其他特性：透明品种常常用作宝石
丰富程度：非常普遍

顽火辉石（$Mg_2Si_2O_6$）
晶系：正方体晶系
颜色：白色、灰色、淡黄色、浅绿色或棕色
条痕色：无色或灰色
硬度：5.5
密度：3.15
光泽：玻璃光泽或珍珠光泽
其他特性：不溶于水，几近不熔
丰富程度：非常普遍

钙铁辉石（$CaFeSi_2O_6$）
晶系：单斜面晶系
颜色：黑绿色
条痕色：绿色
光泽：玻璃状光泽，略带亚光光泽
硬度：6
密度：3.5
其他特性：易融化为微黑的、有磁性的晶体
丰富程度：罕见

蔷薇辉石（MnSiO₃）
晶系：三斜晶系
颜色：带条纹和黑色斑点的粉红色
条痕色：白色
光泽：玻璃光泽
硬度：5.5～6.5
密度：3.5
其他特性：用于珠宝和装饰
丰富程度：罕见

紫苏辉石（(Fe, Mg)₂Si₂O₆）
晶系：正方体晶系
颜色：深绿色至黑色
条痕色：灰色
光泽：玻璃光泽
硬度：5～6
密度：3.5
其他特性：可溶于盐酸
丰富程度：常见

柱星叶石（KNa₂Li(Fe, Mn)₂Ti₂[OSi₄O₁₁]）
晶系：单斜晶系
颜色：黑色或深棕色
条痕色：深红色
光泽：明显的玻璃光泽
硬度：5～6
密度：3.23
其他特性：不透明或半透明
丰富程度：罕见

辉石（(Ca, Mg, Fe, Ti, Al)₂(Si, Al)₂O₆）
晶系：单斜晶系
颜色：黑色、黑绿色或深棕色
条痕色：灰绿色
光泽：从玻璃光泽到树脂光泽
硬度：5～6
密度：3.2～3.5
其他特性：可在棱柱状中解理
丰富程度：极为常见

翡翠（NaAlSi₂O₆）
晶系：单斜晶系
颜色：绿色，有时呈白色、黄色或棕色
条痕色：无色
光泽：不透光或油脂光泽
硬度：6.5～7
密度：3.25
其他特性：形成玉的基本成分
丰富程度：罕见

玉已经被人们使用了逾5000年，在中国和中美洲向来是受人喜爱的观赏石。

其他硅酸盐

直闪石

化学式：(Mg, Fe)₇[OH(Si₄O₁₁)]₂
晶系：菱形晶系
颜色：白色、灰绿色、绿色、栗色
条痕色：灰白色
光泽：玻璃光泽到珠光光泽
透明度：透明到半透明

 5.5～6　3.8～3.2

其他性质
贝壳状断口

丰度

石棉

化学式：Mg₇Si₈O₂₂(OH)₂
晶系：单斜晶系
条痕色：白色
光泽：丝质光泽
光学：透明、半透明或不透明

 5～6　3.1

其他特性
在黑色玻璃中难熔

丰度

韭闪石

化学式：(NaCa₂Mg₄(Al, Fe)[(OH,F)₂AlSi₆O₂₂])
晶系：单斜晶系
条痕色：灰绿色
光泽：玻璃光泽
透明度：透明到半透明

 5～6　3.04～3.21

其他特性
难熔、易碎

丰度

翡翠

翡翠与软玉都是玉石的基本组成部分。作为一种闻名遐迩的宝石，翡翠价格高昂，常应用于珠宝装饰和雕刻饰品。同时，它也是早期人类用来制造武器和制作不同用途的器皿的矿物之一。

两种玉石矿物

19世纪，翡翠和软玉都被称为普通玉。直到19世纪中叶，人们才将它们区分为两种不同的矿物。这两种矿物都有共同的形成环境，出现在结构紧密的变质岩中，且都是非硅酸盐类矿物，但这两种矿物的化学成分不同。具体来说，第一种矿物是铝和钠结合形成的硅酸盐，

第二种矿物则是钙和镁或铁结合形成的硅酸盐。这种差异决定了它们的性质，尤其是在颜色上的不同。软玉偏灰绿色或绿黑色，甚至黑色；尽管翡翠也有黑色的品种，即绿黑云母，但这是由于其内部丰富的铁杂质导致的。除此之外，软玉的光泽更偏油脂光泽，易碎。而在硬度和韧性上，软玉都要优于翡翠。

主要矿床

用于装饰的优质翡翠主要于缅甸的北部或道茂地区被开采，近年来在危地马拉的格拉摩根谷地区也有开采。在这些地区，从蓝色到绿色的半透明翡翠都有开采。在日本的新潟、哈萨克斯坦、美国的加利福尼亚州和阿拉斯加州、墨西哥、巴西和新西兰也有翡翠开采地。而

出自公元前100年，即前哥伦布时期，由玉制成的人物雕像。

软玉（图中所示）与翡翠不同，加热时不易熔化。

一般性质

名称：翡翠

化学式：$NaAlSi_2O_6$

类别：硅酸盐

晶系：单斜晶系

外观：通常呈紧凑、坚韧和高密度的颗粒结构、纤维状或层状聚集体；极少呈晶体状

物理性质

颜色：绿色，有时白色、黄色或棕色

条痕色：无色

光泽：通常有光泽或油脂光泽，呈珍珠状断口

韧性：有韧性

透明度：半透明

 6.5 ~ 7　**KG** 3.25

其他特性

难解理

不溶于盐酸

易融

极易熔，会变为几近透明的玻璃团

丰度

软玉主要产于中亚，及中国、加拿大、美国等国。

历史悠久

据说人们对翡翠的使用可以追溯到公元前6000年。得益于其硬度，翡翠非常适合制造各种器皿。随着时间的推移，翡翠渐渐开始被视为装饰用的贵重宝石。尤其是在古代中国，翡翠通常被认为是只有皇帝才有权使用的贵重宝石，被人们称为"天石"。人们常把它与永恒相联系，认为翡翠能在天地之间架起桥梁。而在阿兹特克人、玛雅人、奥尔梅加人的文化和整个中美洲的前哥伦布时期文化中，翡翠始终是一种被种种魔法和光环所包围的石头，往往象征着创造力、生命、生育和权力。在欧洲，翡翠从18世纪开始变得格外值钱。在当时，它的价格远超黄金。

左侧图片所示，所谓的御用翡翠是珠宝和装饰中最受欢迎的品种。得益于它所含有的丰富的铬杂质，这种翡翠呈深深的翠绿色。在中国，狮子是威武、力量的象征，被视为神兽，可辟邪。于是，人们用这种御用翡翠玉石来雕刻狮子，希望家人平安富贵。

环硅酸盐

　　环硅酸盐的化学结构是由3个、4个或6个四面体的硅酸盐离子（SiO_4^{4-}），在其顶点相互联结形成闭环，可以是单环，也可以是双环。钙、镁、铁、铝、钾等金属也可以加入这些闭环。一般来说，这一类矿物的硬度很高，可以形成拉长的和条纹状的晶体。在这类矿物之中，最具经济价值的当属绿柱石。透明的绿柱石是珠宝中极为珍贵的品种，尤其是祖母绿石（绿色）和海蓝宝石（蓝色）。事实上，这类矿物的其他品种都被用来获取绿柱石。除此之外，在这类宝石中，价值极高的还有透明的碧玺。碧玺的颜色变化多端。

白柱石

绿柱石（$Be_3Al_2(Si_6O_{18})$）
晶系：六角晶系
颜色：不透明的品种有灰白色、淡黄、浅褐色；透明的品种有无色（戈壁石）、红色（红色祖母绿）、偏蓝（海蓝宝石）、绿色（绿宝石）、黄色（日光石）、粉红色（摩根石）
条痕色：白色
光泽：玻璃光泽到树脂质光泽
硬度：7.5～8
密度：2.7
其他特性：透明的品种可用作宝石，其余的则可获取铍
丰富程度：常见

铯绿柱石

绿宝石

日光石

红色祖母绿

海蓝宝石

蓝锥矿

蓝锥矿（$BaTiSi_3O_9$）
晶系：三角晶系
颜色：宝石蓝、白色、无色、粉红色
条痕色：白色或浅绿色
光泽：玻璃光泽至亚金刚砂光泽
硬度：6～6.5
密度：3.85
其他特性：蓝锥矿晶体可被切割为宝石
丰富程度：非常罕见

斧石

（(Ca, Fe, Mn)₃Al₂BSi₄O₁₆H）

晶系：三斜面晶系
颜色：颜色多变，有红棕色、淡黄色、浅紫色、灰色或绿色
条痕色：无色
光泽：明显的玻璃光泽
硬度：6.5 ~ 7
密度：3.25
其他特性：防止酸侵蚀
丰富程度：极为罕见

绿铜矿（CuSiO₂(OH)₂）

晶系：三角晶系
颜色：翡翠绿至蓝绿色
条痕色：浅绿色
光泽：土质光泽到金刚砂光泽
硬度：5
密度：3.3
其他特性：用于制作珠宝
丰富程度：罕见

黑碧玺

靛青石

镁电气石

彩瓷

电气石（Na(Mg, Fe)₃Al₆[(OH)₄(BO₃)₃Si₆O₁₈]）

晶系：三角晶系
颜色：颜色多变，有黑色（黑碧玺）、无色（无色电气石）、粉红色（锂电气石）、红色（红电气石）、绿色（巴西绿宝石）、彩色、蓝色（靛蓝石）、棕色（重晶石）
条痕色：棕色
光泽：玻璃光泽到树脂质光泽
硬度：7 ~ 7.5
密度：3 ~ 3.25
其他特性：非常珍贵的宝石
丰富程度：常见

红电气石

锂电气石

巴西绿宝石

橄榄石在珠宝中有水蓝宝石的俗称。

堇青石（(Mg, Fe)₂Al₄Si₅O₁₈ · nH₂O）

晶系：正方体晶系
颜色：蓝灰色、黄色或绿色
条痕：白色
光泽：玻璃光泽
硬度：7 ~ 7.5
密度：2.6 ~ 5
其他特性：透明的蓝色堇青石品种常被用作宝石
丰富程度：罕见

祖母绿和海蓝宝石

有一些矿物生来就是要成为美丽动人的珠宝。绿柱石就是如此。作为一种硅酸盐，绿柱石晶体晶莹剔透而精致美丽，色彩多种多样。所有品种的绿柱石都是珍贵的高级珠宝，尤其是祖母绿和海蓝宝石。

绿柱石矿物

珍贵宝石——祖母绿

祖母绿是一种透明绿柱石，由于蕴含有微量的铬和钒，创造出一种独有的绿色。此外，即使是那些价值最高的宝石，也会有肉眼可见的细小的内部杂质。这种现象被宝石学家们称为"绿宝石的花园"。这种宝石的另一特性是，它在经过抛光后会变得更加璀璨夺目。目前世界上最好的祖母绿是在哥伦比

亚的穆佐、契沃尔和索蒙多科的矿区开采出来的。哥伦比亚的博亚卡省是祖母绿的主要生产地，其次是巴西的巴伊亚州、俄罗斯的乌拉尔地区以及非洲的赞比亚和津巴布韦的矿区。相比之下质量较差的祖母绿宝石是在美国北卡罗来纳州、澳大利亚、印度的拉贾斯坦邦开采出来的。

长期传统

自古以来，祖母绿都是非常珍贵的宝石。最早的祖母绿矿藏是在古埃及发现的。事实上，在古埃及，早在3500年前人们就已经开采祖母绿宝石了。一些编年史学家记载下并且流传着关于用绿柱石制成的大柱子的故事，而这个故事可能是虚构的。罗马人也用祖母绿，历史学家普林尼声称，尼禄用来观看

祖母绿矿石

天然海蓝宝石

这颗祖母绿宝石，其形状为梯形，边缘平滑，特别适于雕刻。它也被用于装饰其他宝石，特别是彩色的。

马戏团节目的放大镜正是由祖母绿切割制作的。后来，西班牙人在哥伦比亚北部发现了这种矿物的主要矿藏之一，现在仍然可以从中获得高质量的晶体。

海蓝宝石

　　海蓝宝石是颜色介于蓝色和绿色的绿柱石品种的名称。它这种独特的色调是由于成分中铁的含量所决定的。与祖母绿一样，海蓝宝石是一种高价值宝石。尤其是当它呈蓝色时，价值格外高昂。目前世界上最好的海蓝宝石产自巴西的米纳斯吉拉斯州，1910年人们在那里提取了一块近50厘米长、重达110千克的水晶。在这个国家，根据开采地点的不同，宝石会呈现出不同

的主色调。具体来说，开采自圣玛丽亚地区的蓝色调更浓郁，来自圣多明戈斯的色调更柔和；来自圣特雷莎的则是更明亮的松绿色，来自博卡里卡的绿色调更重，来自佩特拉-阿苏尔的颜色更深。事实上，除了巴西以外，在俄罗斯的乌拉尔地区、马达加斯加、赞比亚、非洲西南地区、印度、意大利部分地区

梨形切割的钻石和海蓝宝石耳坠

海蓝宝石戒指

和美国开采的宝石，在世界范围内备受欢迎。

一般属性

名称： 绿宝石

化学式： $Be_3Al_2(Si_6O_{18})$

类别： 环硅酸盐

晶系： 六边形晶系

外观： 呈孤立的棱柱状晶体；极少情况下会出现在紧凑的块状物或阳极体之中

物理特性

颜色： 不透明的品种有白色、灰色、淡黄色、棕色；透明品种有无色、红色（红色祖母绿）、偏蓝（海蓝宝石）、绿色（绿宝石）、黄色（日光石）、粉红色（摩根石）

条痕色： 白色

光泽： 玻璃光泽到树脂质光泽

韧性： 易碎

透明度： 半透明或透明

 7.5 ~ 8　　**KG** 2.7

其他属性

不完美的解理性和螺纹状断裂面

不溶于酸，几乎不熔

丰度

电气石

　　电气石是一种颜色千变万化的矿物，因为它有许许多多的品种，从无色到黑色，再到红色、粉红色、棕色、蓝色和绿色，甚至还有许多多色品种。这种多色品种的电气石的颜色会沿着晶体的同心带发生变化。

某些品种的电气石与较其价值更高的宝石（如红宝石）极为类似，导致它时常作为一种更便宜的替代品被用于制作珠宝。

彩色晶体

　　电气石有33个更具体的矿物种类。这种矿物通常是棱形晶体，带有垂直条纹的，这些条纹的颜色和形状在垂直轴的两端不同的地方终止或不对称地延长。有时还会出现三角形的晶体或等长的菱形晶体。电气石极少出现在紧凑的群体，或是横向或纵向排列在几个标本的聚合体中。而电气石颜色的变化，则取决于其中的化学成分。同样，电气石的一些特性也是由其化学成分所决定的。例如，可熔性。铁或镁含量高的电气石品种（靛蓝石、镁电气石）可熔性非常强，而石质品种的电气石（红电气石、锂电气石）则并不具备这么强的可熔性。事实上，所有品种的电气石也有共同点：压电性和热电性，即它们在被压缩、摩擦或加热时会带电，在晶体的一端获得正极性，在另一端获得负极性。

所谓的"西瓜"碧玺就是一种多色电气石，因为它再现了西瓜这种水果的颜色，所以被称为多色碧玺。

形成和矿藏

电气石在所有类型的岩石中都很常见，因为它们既源于岩浆喷出和变质过程，又源于热液。电气石矿藏在伟晶岩、花岗岩、片麻岩、高山裂缝以及气孔岩和热液层中尤为丰富。它们通常与云母、长石、石英和绿柱石一起出现。

纯净而美丽的电气石晶体主要来自巴西的米纳斯吉拉斯、俄罗斯的乌拉尔、马达加斯加、纳米比亚、莫桑比克、斯里兰卡和美国。不透明的电气石晶体在意大利的高山伟晶岩中比较常见，而聚合状晶体则是在英国以及位于德国和捷克共和国之间的梅塔利费里山脉比较常见。

电气石的用途

透明和彩色品种的电气石在珠宝和装饰品中极为珍贵。其余的电气石品种则用途广泛，从制造高压的压力表到制造显微镜的偏振镊子（利用其选择性的光吸收特性），都经常用到电气石。

一般属性

名称： 碧玺
化学式： $Na(Mg, Fe)_3Al_6[(OH)_4(BO_3)_3Si_6O_{18}]$
类别： 环硅酸盐
晶系： 三角晶系
外观： 通常呈棱柱状，极为罕见地出现在紧凑的聚合体中

物理特性

颜色： 黑色（黑碧玺）、无色（无色电气石）、粉红色（锂电气石）、红色（红电气石）、绿色（巴西绿宝石）、彩色、蓝色（靛蓝石）、棕色（重晶石）
条痕色： 棕色
光泽： 玻璃光泽到树脂质光泽
透明度： 半透明至透明
韧性： 易碎

 7 ~ 7.5　KG 3 ~ 3.25

其他属性

非解理性和圆锥形断口
不溶于酸
有压电和热释电特性

丰度

自古以来，碧玺就被用作宝石。这种宝石是中国清代慈禧太后（1835—1908）的至爱，她总是把碧玺佩戴在身上。

俦硅酸盐

俦硅酸盐是由两个四面体硅
酸盐离子形成的结晶结构，两个
晶体共享顶点的氧原子。这类矿
物中最具代表性的是绿帘石。绿
帘石是一种由钙、铁和铝结合形
成的硅酸盐，其颜色、密度
和光学特性因其所含铁的
比例而异。绿帘石在自
然界中储量非常丰富，
从花岗岩带到海洋山脉
的许多地方都有绿帘
石。在这类矿物中，
还有许多有趣的品种。
比如说用于工业化生产
锌的红柱石、褐帘石和维
苏威石或白云石，以及更多
透明的品种作为宝石，用来制作
珠宝。

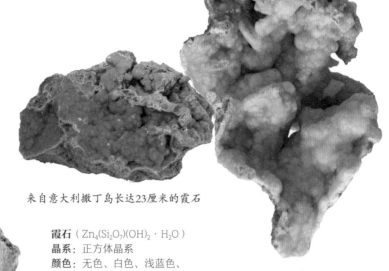

来自意大利撒丁岛长达23厘米的霞石

霞石（ $Zn_4(Si_2O_7)(OH)_2 \cdot H_2O$ ）
晶系：正方体晶系
颜色：无色、白色、浅蓝色、
黄褐色
光泽：玻璃光泽到土质光泽
条痕色：无色
硬度：4.5
密度：3.5
其他特性：难以融化
丰富程度：罕见

锰黝帘石

黝帘石（ $Ca_2Al_3[O(OH)SiO_4(Si_2O_7)]$ ）
晶系：正方体晶系
颜色：白色、蓝色、浅绿色、多色、粉红色
（锰黝帘石）、紫蓝色（坦桑石）
条痕色：白色
光泽：玻璃光泽
硬度：6~7
密度：3.3
其他特性：不规则断裂，从无定形断裂面到
螺纹状断口
丰富程度：非常罕见

坦桑石

绿帘石（Ca₂(Fe, Al)(SiO₄)₃(OH)）
晶系：单斜面晶系
颜色：开心果绿、绿黄色或黑色
条痕：无色或灰色
光泽色：玻璃光泽
硬度：6 ~ 7
密度：3.37 ~ 3.5
其他特性：不溶于水，易融
丰富程度：常见

矽藻土（CaFe₂Fe(OHOSi₂O₇)）
晶系：正方体晶系
颜色：非常深的棕色到黑色
条痕色：黑色至棕色
光泽：玻璃光泽到树脂质
硬度：5.5 ~ 6
密度：3.8 ~ 4.1
其他特性：融化成一个黑色的磁性球状物
丰富程度：非常罕见

褐帘石（(Ce, Ca, Y)₂(Al, Fe, Fe)(SiO₄)₃(OH)）
晶系：单斜面晶系
颜色：黑色或浅褐色，有时为红色或灰绿色
条痕色：白色或无色
光泽：玻璃光泽
硬度：6 ~ 6.5
密度：3.3
其他特性：可溶于盐酸
丰富程度：非常罕见

符山石（Ca₁₀Mg₂Al₄(SiO₄)₅(Si₂O₇)₂(OH)）
晶系：四边形晶系
颜色：棕色、橄榄绿、黄色、红色、深蓝色
条痕色：白色
光泽：玻璃光泽
硬度：6.5
密度：3.3
其他特性：观赏用途和珠宝制作
丰富程度：罕见

其他属性

黄长石

化学式：(Ca, Na)₂(Mg, Al, Fe)[(Al, Si)SiO₇]

晶系：四边形晶系

颜色：白色、灰色、绿灰色、黄色或棕红色

条痕色：白色

光泽：玻璃光泽到油脂光泽

透明度：半透明

 5 ~ 5.5 2.94 ~ 3

其他属性

可溶于强酸

丰度

克利诺苏石（Ca₂Al₃(SiO₄)₃(OH)）
晶系：单斜面晶系
颜色：透明、灰白色、粉红色或淡绿色
条痕色：白色，带灰色
光泽：玻璃光泽或粗糙的光泽
硬度：6 ~ 7
密度：3.21 ~ 3.49
其他特性：融化后变成白色球体
丰富程度：常见

岛状硅酸盐

　　岛状硅酸盐又称为正硅酸盐，下有约120种矿物，其特点是它们通常以晶体状出现，硬度高和质量大。从化学分子结构的角度来说，岛状硅酸盐由硅和氧原子组成，在空间上与所有硅酸盐一样呈四面体排列。但在这种情况下，岛状硅酸盐是孤立的，只能够与各种金属，如铝、钾或镁形成键。而钠硅酸盐类则包括：石榴石，自青铜时代以来就常被用作宝石和磨料；橄榄石，是火成岩、岩浆岩以及地球地幔上层的重要组成部分；铝硅酸盐，如红柱石或蓝晶石；黄玉和锆石，以及其他许多矿物。

斜煌岩（$Mn_3Al_2(SiO_4)_3$）
晶系：立方晶系
颜色：红橙色、红色、黄褐色、深褐色，几乎黑色
条痕色：白色
光泽：玻璃光泽
硬度：6.5～7.5
密度：4.19
其他特性：最稀有的石榴石品种
丰富程度：非常罕见

石榴石（镁铝榴石）（$Mg_3Al_2(SiO_4)_3$）
晶系：立方晶系
颜色：非常深的红色到血红色
条痕色：白色
光泽：玻璃光泽
硬度：6.5～7.5
密度：3.57
其他特性：根据石榴石晶体的纯度用于制作珠宝、服饰
丰富程度：罕见

钙铝榴石（$Ca_3Al_2(SiO_4)_3$）
晶系：立方晶系
颜色：无色、奶油色、肉桂黄色至橙色（红石品种）、绿色（德兰士瓦绿）、粉红色或红色（红晶石）
条痕色：白色
光泽：玻璃光泽
硬度：6.5～7.5
密度：3.60
其他特性：最值得欣赏的石榴石之一
丰富程度：常见

产自南非德兰士瓦的玉石

金刚石可被用来制作珠宝或用作工业磨料。

石榴石（$Fe_3Al_2(SiO_4)_3$）
晶系：立方晶系
颜色：深浅不一的红色
条痕色：白色
光泽：玻璃光泽
硬度：6.5～7.5
密度：4.3
其他特性：最常见的石榴石（珠宝）
丰富程度：常见

钙铁榴石（**石榴石**）（$Ca_3Fe_2(SiO_4)_3$）
晶系：立方晶系
颜色：深棕色至黑色（黑榴石）；还有黄色（黄榴石）或绿色（绿榴石）
条痕色：白色
光泽：玻璃光泽
硬度：6.5～7.5
密度：3.87
其他特性：绿色品种的钙铁榴石是其中价值最高的品种
丰富程度：罕见

钙铬榴石（**石榴石**）（$Ca_3Cr_2(SiO_4)_3$）
晶系：立方晶系
颜色：深绿色至翡翠色
条痕色：白色
光泽：玻璃光泽
硬度：6.5～7.5
密度：3.83
其他特性：由于钙铬榴石具有稀缺性，极少用作宝石
丰富程度：非常罕见

氰化物（Al_2SiO_5）
晶系：三斜面晶系
颜色：深浅不一的蓝色，有时呈白色、灰色或粉红色
条痕色：白色或无色
光泽：玻璃光泽，有时呈珠光光泽
硬度：4.5～5（纤维方向）；6～7（横向到纤维）
密度：3.66
其他特性：可熔，不易被酸侵蚀
丰富程度：常见

红柱石（Al_2SiO_5）
晶系：正方体晶系
颜色：白色、灰色、棕色、褐色、橄榄绿（草苔）、肉粉色、红色或深色带十字纹路（赤铁矿）
条痕色：白色
光泽：玻璃状，略无光泽
硬度：7～7.5
密度：3.2
其他特性：不溶于水和可熔
丰富程度：常见

虽然红柱石可以被用作雕刻珠宝，但其主要用途是在建筑和工业方面。

辉绿岩（Be_2SiO_4）
晶系：三角形晶系
颜色：无色或白色
条痕色：白色
光泽：非常强烈的玻璃光泽
硬度：7.5 ~ 8
密度：2.96 ~ 3
其他特性：不完美的解理性
丰富程度：非常罕见

锆石（$Cr(SiO_4)$）
晶系：四边形晶系
颜色：无色、黄色、蓝色、绿
色、红色、棕色或灰色
条痕色：无色或白色
光泽：钻石光泽或粗糙光泽
硬度：7.5
密度：3.9 ~ 4.8
其他特性：透明锆石品种可用于
制作珠宝首饰
丰富程度：常见

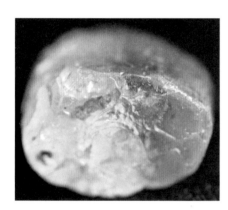

燧石（Mg_2SiO_4）
系统：正方体
颜色：浅黄绿色至橄榄绿色
条痕色：无色或浅黄色
光泽：玻璃光泽
硬度：6.5 ~ 7
密度：4
其他特性：属性不一，取决于其中
镁的含量
丰富程度：常见

十字石
（$Fe_2Al_9O_6(SiO_4)_4(O, OH)_2$）
晶系：单斜面晶系
颜色：棕色至淡红色
条痕色：无色
光泽：玻璃光泽
硬度：7 ~ 7.5
密度：3.75 ~ 3.83
其他特性：不易被酸侵蚀且可熔
丰富程度：常见

橄榄石（$(Mg,Fe)_2SiO_4$）
晶系：正方体晶系
颜色：橄榄绿至浅黄色
条痕色：无色或浅黄色
光泽：玻璃光泽
硬度：6.5 ~ 7
密度：3.27 ~ 4.2
其他特性：透明品种橄榄石可用于制作
珠宝首饰
丰富程度：非常普遍

硅硼钙石（$CaB(SiO_4)(OH)$）
晶系：单斜面晶系
颜色：无色、白色，有时带有绿
色或蓝色的大理石花纹
条痕色：白色
光泽：玻璃光泽
硬度：5.5 ~ 6
密度：2.3
其他特性：透明至半透明
丰富程度：非常罕见

黄玉（Al₂[SiO₄](F, OH)₂）
晶系：正方体晶系
颜色：无色、黄色、红黄色、蓝色、绿色和紫色
条痕色：无色
光泽：玻璃光泽
硬度：8
密度：3.57 ~ 3.59
其他特性：一种非常珍贵的用于制作珠宝首饰的宝石
丰富程度：常见

黄玉因多彩纷呈的色调而成为极为珍贵的制作珠宝的矿物。

来自奥地利平兹高哈巴塔的钛铁矿石

粒硅镁石（Mg₅[(OH, F)₂(SiO₄)₂]）
晶系：单斜面晶系
颜色：黄色、红棕色
条痕色：灰白色、黄色
光泽：玻璃光泽、树脂质光泽
硬度：6 ~ 6.5
密度：3.14
其他特性：易碎，紫外光下呈橙色
丰富程度：非常罕见

钛铁矿（CaTi(OSiO₄)）
晶系：单斜面晶系
颜色：白色至黄绿色，深褐色至黑色
条痕色：白色
光泽：金刚砂光泽至树脂质光泽
硬度：5 ~ 5.5
密度：3.45
其他特性：用于生产钛
丰富程度：罕见

其他岛硅酸盐

硅线石

化学式：Al₂SiO₅
晶系：正方体晶系
颜色：白色、灰色、浅褐色、浅绿色
条痕色：白色或无色
光泽：玻璃光泽或粗糙光泽
透明度：透明至半透明

 6.5 ~ 7.5　 3.25

其他属性
完美的解理性

丰度

硅铍钇矿

化学式：Y₂FeBe₂[O(SiO₄)₂]
晶系：单斜晶系
颜色：绿色或棕色
条痕：灰绿色
光泽：玻璃光泽
透明度：透明至半透明

6.5 ~ 7　 4 ~ 4.7

其他属性
放射性

丰度

石榴石

石榴石并不单指某一种矿物，而是指一类的矿物。这类矿物在化学上是由硅酸盐与两种金属相结合形成，金属包括：铁、铝、镁、锰、钙和铬。将硅酸盐和金属相结合，就形成了如下表中所示的6种矿物。另外，可以用一些新的金属来逐步替代部分金属，如钛或锌。凭借这种方法，人类获得了20多种石榴石。

铁铝榴石（$Fe_3Al_2(SiO_4)_3$）

深深浅浅的红色，有时会反射出棕色

镁铝榴石（$Mg_3Al_2(SiO_4)_3$）

深红到血红

锰铝榴石（$Mn_3Al_2(SiO_4)_3$）

琥珀色至深棕色

钙铝榴石（$Ca_3Al_2(SiO_4)_3$）

颜色多变：无色、乳白色、肉桂黄至橙色（红榴石）、绿色（德兰士瓦玉）、粉红色或红色（洛桑石）

绿榴石（$Ca_3Cr_2(SiO_4)_3$）

深绿色至翠绿色

钙铁榴石（$Ca_3Fe_2(SiO_4)_3$）

深棕色至黑色（黑曜石）；有时呈黄色（黄玉）或绿色（绿玉）

形成环境

大多数石榴石起源于变质石，部分情况下是岩浆石。如此一来，金刚砂会出现在喷发岩中，比如花岗岩、闪长岩，又或是出现在变质岩中，比如片麻岩、闪岩。纯净的石榴石出现在花岗岩沉积物中。目前世界上质量最优的石榴石标本产自斯里兰卡、印度、马达加斯加、巴西、澳大利亚、美国、意大利和西班牙。

火成岩是典型的橄榄岩和蛇纹岩；有时也与金伯利岩和钻石一起出现在南非。这种岩石在德国的特雷布尼茨和捷克的梅罗尼茨的矿床中储藏丰富。人们在这两地还开采出了所谓的波希米亚石榴石，这种波希米亚石榴石的颜色是火红的，格外美丽。

锰铝榴石是一种锰铝硅酸盐，蕴含有多种如钛、铁或镁等杂质。

自古以来，石榴石一直用于珠宝制作。比如制作项链、手镯、耳环或胸针等。在波希米亚地区，火红石榴石和绿石榴石（又称翠榴石，即和田玉的一种）因其稀有性而倍受欢迎。

目前世界上质量最优的重晶石矿在纳米比亚和莫桑比克。尽管如此，在巴西、中国、斯里兰卡、巴基斯坦、坦桑尼亚和美国也有一些锰铝榴石矿藏。

钙铝榴石有着经历变质作用的钙质岩石的典型特征，有时也会出现在玄武岩熔岩和蛇纹岩中。无色晶体状钙铝榴石产自波兰、挪威和奥地利蒂罗尔地区，绿色晶体开采自俄罗斯和匈牙利，黄色晶体（黑松石）则来自斯里兰卡、马达加斯加和美国。

乌云石是一种典型的富铬蛇纹岩，也出现在变质的石灰岩中。这是一种非常罕见的石榴石，出自俄罗斯的乌拉尔、芬兰、土耳其和加拿大（更不透明的乌云石晶体）。

钙铁榴石是人类从接触变质岩或区域变质岩中开采出来的，其形成环境与钙铝榴石非常相似。钙铁榴石的黑云母变种出现在熔岩和正长岩中，而灰火山岩变种则出现在蛇纹石中（后者一般情况下与石棉有关），开采于挪威、德国、意大利、俄罗斯的乌拉尔和美国。

珠宝的工业用途

人们最早对石榴石的使用可以追溯到青铜时代。如今，这种岩石具有很高的科学价值和收藏价值。此外，由于石榴石属于中等硬度的矿物，因此常常被用作织物和纸张的研磨剂。纯净、透明和形态良好的石榴石晶体则被用作珠宝中的高价值宝石。而那些含有杂质且透明度较低的石榴石晶体则用于服装珠宝的制作和装饰。最常用的是赤铁矿和钙铝榴石，因为其矿藏最丰富；而乌云石则最为稀缺。

一般属性

名称： 石榴石

公式： $(Ca, Fe, Mg, Mn)_3(Al, Fe, Mn, Cr, Zn, Ti, V)_2(SiO_4)_3$

类别： 非硅酸盐

晶系： 立方晶系

成分： 菱形十二面体或梯形晶体；少见则呈圆形的颗粒状

物理特性

颜色： 见第84页插图

条痕色： 白色

光泽： 玻璃质光泽或树脂质光泽

透明度： 透明、半透明或不透明

韧性： 易碎

 6.5 ~ 7.5　　**KG** 3.1 ~ 4.3

其他属性

不可解理；有螺状断口

几乎不可被酸侵蚀

部分极易融化；部分可熔化

橄榄石

在橄榄石的种类中，有一系列铁硅酸盐矿物和镁硅酸盐矿物，这些矿物中也含有不同比例的钙、锰、锌、镍、钴和铅。橄榄石可用于区分岩浆岩和火成岩。富含镁的橄榄石是地球上层地幔的主要成分。

橄榄石是一种来源于地球内部岩浆的矿物。它具有众多起源于内部岩浆的岩石的典型特征。这些起源于内部岩浆的岩石包括：橄榄岩、橄榄玄武岩、橄榄辉长岩和橄榄辉绿岩。图中所示是火山岩中的橄榄石晶体。

从镁橄榄石到铁橄榄石

如前所述，橄榄石是一系列化学式为A_2SiO_4的矿物的共同名称。其中化学分子A可以是铁、镁或任何上述其他金属。因此，该系列矿物的一极是镁橄榄石，即硅酸镁。而另一极则是法铁橄榄石，即硅酸铁。而该系列矿物在这两极之间还有许多其他矿物，这些矿物中的铁和镁的比例也都各不相同。根据其中不同的化学构成，矿物的物理性质和化学性质会随之发生变化。比如说，铁含量越高，矿物的密度和溶解度越高，熔点越低。而铁橄榄石在盐酸中溶解极为缓慢，并且会产生胶状的二氧化硅，而铁橄榄石则会产生暗红色的胶状悬浮物。同时，矿物中的化学成分也会对其颜色构成影响，比如说，铁含量低的矿物颜色较浅，而铁含量高的矿物则颜色较深。

蒂曼法亚国家公园，位于西班牙加利群岛中兰萨罗特岛，那里有一个西克洛斯湖，旁边是佛得角。在佛得角的海滩上的黑沙中，人们发现了小的橄榄石晶体。这种小橄榄石晶体在火山景观中是极为常见的。

一般属性

名称： 橄榄石

化学式： (Mg, Fe)$_2$SiO$_4$

类别： 非硅酸盐

晶系： 正方体晶型

外形： 晶体大小相等，呈棱镜状或棱柱状，有时有圆角；颗粒状的也较为常见

物理特性

颜色： 橄榄绿至黄绿色，若有变化则为棕色被改变的

条痕色： 无色或淡黄色

光泽： 玻璃质光泽

透明度： 透明至半透明

韧性： 易碎

6.5 ~ 7　　**KG** 3.27 ~ 4.2

其他属性

不溶于水

几乎不可解理

螺状断口

丰度

形成和沉积

富含镁的橄榄石是典型的岩浆岩，包括侵入型岩浆岩和喷出型岩浆岩。同时，这种橄榄石也是云母岩的主要成分（云母岩中超过90%的成分是橄榄石），且在橄榄岩、辉绿岩和玄武岩中储藏量非常丰富；在变质岩中，含镁橄榄石出现在高温下转化的白云质石灰岩中。富含铁的橄榄石含量仅次于含镁的橄榄石，作为次要成分出现在花岗岩，以及藏有伟晶岩和流纹岩的洞穴中。部分情况下，橄榄石还与尖晶石、方解石、透辉石和角闪石有所关联。最后一点，橄榄石也是部分铁素体陨石的重要组成部分，它在月球的玄武岩中也极为丰富。

在意大利的圣乔瓦尼岛、德国的埃菲尔、挪威的阿梅克洛夫达伦、美国的亚利桑那州、埃及的泽贝格、缅甸的莫高克、中国的张家口及下辖的宣化，以及坦桑尼亚的乌桑巴拉山的熔岩矿床中，人们都开采出了淡绿色的橄榄石纯晶体。除此之外，在俄罗斯的乌拉尔地区也可以开采出了部分种类的橄榄石。在西班牙的兰萨罗特岛、特内里费岛、穆尔西亚、昆卡、赫罗纳、萨拉戈萨城、巴达霍斯和隆达山区都有丰富的橄榄石矿藏。

绿色宝石

铁元素含量非常低的橄榄石，可用于制造耐火材料，并可作为提取镁的原料。橄榄石晶体则是一种具有鲜亮橄榄绿色的透明晶体。当它们较为优质，具有宝石的品质时，则被称为橄榄石，用于珠宝制作。而另一种用于制作珠宝的橄榄石，即菊石，颜色偏黄。菊石这一名称，也适用于其他同为绿色偏黄却并不属于橄榄石的宝石。

橄榄石是巴洛克风格的珠宝中常用的宝石。当下，由于其美丽的外观和相对实惠的价格，橄榄石再度流行起来。

有机矿物

这组矿物是该类硅酸盐中的最后一种，其中包括在矿产和碳氢化合物中出现的有机酸盐类，及另外一种多样化的有机化合物。这种矿物非常罕见且稀缺，其成分的共同点在于有碳元素。部分矿物是生物活动的结果，部分则完全是地质过程的产物。下面是这组矿物的两种代表性矿物。

早在新石器时代，琥珀就已经被人们用于装饰和治疗。迄今为止发现的最早的人类加工过的琥珀来自德国，距今已经有近3万年的历史。

琥珀

琥珀是一种由树木形成的树脂化石，用于防止疾病和昆虫侵袭。具体来说，当树皮因机械作用或昆虫、真菌或细菌的侵袭而开裂时，树木会向外渗出树脂，树脂沿着树干和树枝滑落，然后变硬。当树脂溢出时，它包裹住了途经的所有物体（空气、水泡、灰尘颗粒、植物碎片、昆虫或其他小动物），所

多米尼加琥珀

有这些东西都被树脂完好地保存下来。从外部看，琥珀是透明的。琥珀的几种类型是根据其开采地来划分的：

- 波罗的海琥珀。这种琥珀的硬度比其他琥珀的硬度更大，是最古老和且最美观的琥珀之一。
- 西班牙琥珀。目前人们已经发现了约120个西班牙琥珀矿藏，其中大部分的起源可以追溯到白垩纪。
- 西西里琥珀。颜色从白色至红棕色，带有蓝色荧光。
- 多米尼加琥珀。颜色多变，从浅黄色到深红色，部分罕见的呈蓝色和绿色。这种多米尼加琥珀的内含物也极不寻常，目前人们已

经发现过内含甲虫、蜥蜴和青蛙的多米尼加琥珀。

- 墨西哥琥珀。产自恰帕斯地区的琥珀是最坚硬的琥珀之一（在莫氏等级上可以达到3级），所以它在雕刻和雕塑方面是极为珍贵的材料。

一般属性

名称： 琥珀

形状： 多种多样，取决于它所依托的树；总是含有萜烯类物质

类别： 有机

晶系： 无定型

外观： 结节或形状和大小各异的块状物，时而粗大，时而细小，表面上看起来有裂纹

物理特性

颜色： 从蜂蜜色或橙色至深褐色、罕见的绿色、紫红色或黑色

光泽： 树脂质光泽

韧性： 极易碎

透明度： 透明至半透明

2 ~ 2.5　　1.05 ~ 1.10 KG

其他属性

易裂缝

可漂浮于水面

烈火中可燃烧分解

丰度

在俄罗斯圣彼得堡附近的凯瑟琳大帝的夏宫中，琥珀宫被重建。这里有用琥珀制成的背景板、底座和家具（共计使用了约6吨琥珀）。这套豪华的装饰总价格甚至比用黄金来制作的价格高得多。

琥珀的主要用途是作为装饰品和珠宝制作的材料。尤其是琥珀的内含物，可以增加琥珀的附加值。

草酸钙石

草酸钙石是一种罕见的矿物，在低温下由热液作用形成，出现在化石煤矿的最深处或碳氢化合物矿床的封闭区，也存在于一些铀矿床中。它常常与重晶石、方解石、闪锌矿或黄铁矿在一起。

草酸钙石主要的开采点位于德国茨维考的褐煤矿床、俄罗斯北高加索的油田、波希米亚（捷克共和国中西部地区）和匈牙利。

草酸钙石最常见的形式之一是同心双晶。

一般属性

名称：草酸钙石
化学式：$Ca(C_2O_4) \cdot H_2O$
类别：有机矿物

晶型：单斜面晶系
外观：在晶体中往往呈多面体，有时会以同心双晶的形式出现

物理特性

颜色：白色、无色、黄色、棕色
光泽：玻璃光泽或珍珠光泽

韧性：易碎
透明度：透明至半透明

 2.5 ~ 3　**KG** 2.23

其他属性

在基底面有很好的解理性；在其他面有螺状断口
可溶于酸

丰度

这种矿物主要用于科学研究和收藏。

岩石

    岩石是由一种或多种矿物组成的天然固体集合体，有时也包括非晶体物质。它起源于一种封闭的地质过程（岩石循环），还可能有生物参与其中。岩石的矿物学成分和这些矿物的排列（所谓的纹理）决定它们的分类。

岩石研究

    致力于描述岩石，将其归类、解释其进化成因并研究致其外观的热力学形成过程的科学被称为岩石学。

    岩石学所使用的研究方法以矿物学、地质学、物理学和化学为基础，主要集中在两个方面：在微观和地质尺度上精确识别岩石组成部分和岩石的关系。

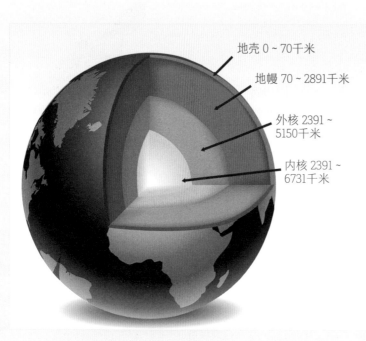

地壳 0 ~ 70千米

地幔 70 ~ 2891千米

外核 2391 ~ 5150千米

内核 2391 ~ 6731千米

地球结构的各圈层。最外面的部分，也就是地壳，是由岩石组成的。

图片所示是马来西亚基纳巴卢山的景色。

就其组成而言，岩石大多数是异质性的，即由不同的矿物种类组成，只有少数岩石是同质性的，或者说由单一矿物组成。根据岩石成分进行分类，可以划分出3种类型的矿物：

- 必需矿物。是形成岩石的必要成分。这些必需矿物是岩石的标志性特征，也是岩石中最丰富的成分。例如，片麻岩中总含有长石和云母。
- 附属矿物。占岩石总体积的5%左右。并非所有的岩石都有附属矿物，即便没有附属矿物，岩石的特性也不会改变。这些附属矿物通常不影响岩石的基本属性，但确实会影响其他属性，如颜色等。因此，对附属矿物的识别也很重要。我们用同一个例子来具体说明，片麻岩可能含有也可能没有电气石、黄铁矿和锆石等。
- 偶然矿物。出现的比例远远低于岩石总体积的5%。以片麻岩为例，石英和阳起石即是偶然形成的矿物。

上图中的两块岩石是同一种岩石，即片麻岩。图中所示的岩石具有基本相同的矿物。然而其不同颜色则是由每块岩石中含有的附属矿物造成的。

除上述外，还须进一步了解的是不同矿物之间的关系，它们决定了岩石的纹理。总体来说，岩石的纹理取决于岩石内部成分、形态及岩石之间的关系。岩石的纹理的基本特征是晶粒的形状、大小和其中结晶的比例。

岩石循环

岩石通常不是根据其属性进行分类，而是根据其起源来分类。具体来说，岩石的成因可能是：岩浆的凝固（岩浆岩或火成岩）、沉积物的堆积和压实（沉积岩）、压力和温度的影响（变质岩）。还有一种成因，比前面几种更加复杂，即是在漫长的时间里（接近数百万年），一些岩石转化为其他岩石，这就是所谓的岩石循环或岩性循环。

地球内部的岩浆处于液态，但如果周边条件发生变化，岩浆冷却，就会凝固成岩石或火成岩。如果这种凝固过程发生在地球内部，那么形成的岩石就被称为侵入岩或变质岩。而如果凝固是通过向地球外排出岩浆时发生的，则岩石被称为外生型或火山型。

这些暴露在地球大气中的岩石，经历了水、风、雪、生物侵蚀或污染侵蚀。被侵蚀的物质通过运输被沉淀到地球最低的区域，在那里大量沉积并经历岩化过程，转化为岩石。在这些沉积岩中，生物的遗骸经常堆积，经过岩化后，变成了化石。

这些沉积岩暴露在高压和高温下，引发物理作用和化学作用（变质作用），从而形成一种新的岩石，即变质岩。所有这些岩石最终熔于岩浆之中，整个过程周而复始。

浮石是一种具有泡状纹理的岩浆岩。它的形成是由于在岩浆凝固的过程中，有许多气泡逸出留下了空隙。

砾岩是一种典型的碎屑质地的沉积岩。它由矿物或岩石的碎片或碎屑嵌入黏稠物质而形成。

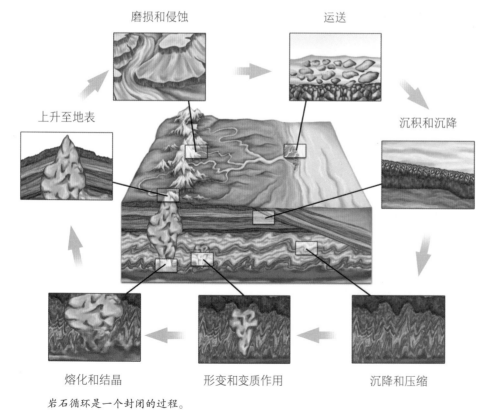

磨损和侵蚀

运送

上升至地表

沉积和沉降

熔化和结晶

形变和变质作用

沉降和压缩

岩石循环是一个封闭的过程。

岩浆岩或火成岩

岩浆岩或火成岩是地壳的主要组成部分（约占地壳的95%）。通常情况下，岩浆岩和火成岩被另外两种岩石（沉积岩和变质岩）薄而广的圈层所掩盖。

岩浆岩和火成岩是岩浆经过冷却、凝固后形成的。岩浆是地壳中形成的熔融物，其中主要成分是硅质，且富含挥发性元素，是在地球深处由原本早已存在的固体物质通过熔化形成的。

当来自地球表面的物质到达地底深处，在高压和接近

岩浆起源于地壳和上层地幔中原就存在的岩石，这部分岩石熔化而形成岩浆。这种熔化通常是由于温度升高，也可能是由于压力降低或加入水及其他挥发性物质而改变了岩浆的成分。

700℃的高温下，这些物质会熔化并形成所谓的岩浆。随后，岩浆逐渐冷却，其内部成分一部分结晶，另一部分挥发性成分和气态成分则被释放出来。其中，凝固和强化的过程分3个阶段进行：

- 非岩浆活动阶段。温度慢慢下降到500℃，铁镁矿物首先结晶，然后是长石，随后是白云石。除此之外，在各种矿物之中，镁矿物早于铁矿物结晶，钙矿物早于钠矿物，钠矿物早于钾矿物。
- 伟晶岩–气孔岩形成阶段。500℃左右，石英和正长石同时结晶。这个阶段中，岩石逐步形成。
- 水热阶段。水蒸气和其他挥发性化合物在残余岩浆中维持液态，通过地表的裂缝和断裂迁移到地壳表面。

这种形式的岩浆固结导致密度较大（碱性较强）的矿物下沉，而密度较小（酸性较强）的矿物则浮在表面。这种现象被称为"岩浆分化"。

岩浆岩或火成岩的分类

根据岩浆凝结的地点，主要的岩浆岩可以分为3种：

- 侵入型岩浆岩。这种岩浆岩通常起源于地壳内部，在非常深的地方。
- 下层岩浆岩。这种岩浆岩在地壳内部巩固，但已经接近地表，利用裂缝或断层上升。
- 火山型岩浆岩或喷出型岩浆岩。当这种岩浆岩与大气或海水接触时，会在地壳外部固化。

部分岩浆或火成岩的样本：矿渣（1）、浮石（2）、辉长岩（3）、凝灰岩（4）、流纹岩（5）、闪长岩（6）、花岗岩（7）、安山岩（8）、玄武岩（9）、黑曜岩（10）、伟晶岩（11）和斑岩（12）。

沉积岩

沉积岩起源于任何在沉淀过程中积攒下的材料的转化。沉积物在被新的沉积物覆盖的过程中，受到周边环境的物理条件和化学条件的影响而不断改变。沉积物的沉积和转变，导致合成矿物的转化或部分成分的沉积。

沉积物形成沉积岩的过程，被称为"岩化过程"。这种岩化过程可以通过以下途径实现：

部分沉积岩样本包括：页岩、砾岩、泥岩、洞石、石灰岩、钙质凝灰岩、砂岩、巧克石、铝矾土、泥灰岩、白云岩、煤、燧石和无水岩等。

- 压实。堆积的沉积物受到压力的作用，其体积大量减少，水分流失。
- 胶结。这是指当水流经沉积物时，沉积物作为松散的颗粒（沙子）被聚集的过程。水常常在溶液中带有各种化学成分，这些化学成分在沉淀后成为"水泥"，将先前分解的颗粒结合起来。
- 生成。由于暴露在新的物理条件和化学条件下且处于不平衡状态，在已整合的沉积物中，原本已有的矿物逐步形成新矿物。
- 变质。由于沉积物与周围环境发生化学反应，一种矿物被另一种不同成分的矿物所取代。

沉积岩的分类

人们很难对沉积岩进行精准的分类，因为大多数沉积岩都是由几个过程复合形成的，这些过程有机械的、物理的、化学的，和生物过程。沉积岩内的成分或许截然不同。考虑到这一点，人们可以根据其形成过程或其内部组成来分类。根据其形成过程，沉积岩可以分为：

- 碎屑。由侵蚀产生的物质堆积形成。根据碎屑的大小，可区分为砾岩、砂岩和页岩。
- 化学沉积岩。由化学过程溶解的物质沉积形成。

沉积岩层的排列特征

- 有机物沉积岩。由生物的遗体形成。这类岩石又可以进一步细分为两类。
  - 生物骨骼的矿化形成的沉积岩。
  - 生物的细胞物质形成的沉积岩。
- 泥灰岩。由碎屑岩、化学岩和生物化学岩堆积而成的混合物。

根据其组成，沉积岩可以分为：

- 泥土。由先前存在的松散晶体和岩石碎片，经过沉积、成岩作用、蚀变和分解过程后产生。它们的形态和大小取决于运输到沉积区域的类型。
- 碳酸盐岩。由溶解在水中的碳酸钙和碳酸镁经过化学作用和生化沉淀而形成。
- 磷酸盐岩。与之前的相关，但形成的沉淀物是磷酸钙。
- 铁铝质岩。铁铝质矿石经过风化过程而形成。
- 硅质岩。由硅质有机颗粒经过沉淀和成岩作用形成，或由花岗岩经风化形成。
- 有机物：由大量积累的有机残留物转化形成。

变质岩

变质岩是指由变质过程形成的岩石，即当岩浆到达地壳深层时，由于压力和温度的变化而形成的岩石。

由于压力和温度的影响，岩石所经历的变化可能是由不同的原因造成的：

- 动力变质作用。由简单的造山压力作用于某一方向造成的，引起岩石结构发生纯粹的机械变化。
- 接触变质作用。由岩浆向地壳表面上升时局部温度升高造成的。在岩浆和（较冷的）母岩之间的接触区，发生了转变，产生了变质岩。由于这一过程的快速性，原始岩石的转变并不彻底，保留了许多最初的结构和组成结构。
- 区域变质作用。它是最常见的一种变质作用。具体来说，是指从地壳的表层区域延伸到地层的最深处，岩石所承受的压力和温度逐步增加。岩石所处的位置越深，这种变质作用就越明显。根据这一划分标准，变质作用可分为3类。
  - 外延区，位于最表层，压力和温度都非常低。
  - 中层区，位于中间层，压力和温度适中。
  - 深层区，位于最深层，压力和温度较高。
- 变质作用。如上所述，变质作用导致了最初构成岩石的原子重新排列。换言之，原有元素在新矿物中仍然存在。相比之下，变质作用的特点是，最初的岩石失去部分成分，在与地壳的交换中，获得了部分其他成分，这部分成分的比例增加。
- 热液变质作用。由流体循环引起反应，经常会引发化学成分的变

部分变质岩样本有闪岩、偏光岩、石英岩、矽卡岩、洛芬岩、板岩、蛇纹岩、董青岩和片麻岩等。

化。这种类型的变质作用常常在洋底产生，尤其是在靠近扩张的大洋中脊的地区。

岩石的用处

从宏观角度来说，根据实际用途，人类将岩石大致分为3种：

- 具有工业价值的岩石。因其物理特性和化学特性而被广泛用于建筑，包括建造住房和大型公共工程，用于制造砖、水泥、石膏、玻璃和陶瓷产品等。

- 具有能源价值的岩石。这类岩石主要是含有煤和石油的页岩。

- 具有观赏价值的岩石。这类岩石用于制造遮盖物、地板、台面等。主要有大理石、花岗岩和岩板等。

马其顿的巨型大理石墙

大理石是一种变质岩，起源于区域变质作用和接触变质作用。

岩石的分类

1. 岩浆岩或火成岩
   - 沉积岩或侵入岩：花岗岩、正长岩。
   - 钙碱性喷出岩：安息岩、伟晶岩。
   - 火山岩或喷出岩：安山岩、玄武岩。

2. 沉积岩
   根据岩石的形成过程将其分类。
   - 碎屑：角砾岩、霰石。
   - 化学沉淀岩：蒸发岩。
   - 有机物沉淀岩：白垩、珊瑚。
   - 泥灰岩。
   根据岩石的内部成分将其分类。
   - 泥土：黏土、砂岩。
   - 碳酸盐岩：石灰石、白云石。
   - 磷酸盐岩：沉积型磷酸盐。
   - 铁铝质岩：褐铁矿、红土矿。
   - 硅质岩：硅藻土、高岭土。
   - 有机物：矿物煤。

3. 变质岩
   - 根据其化学成分和矿物学将其分类。
   - 根据岩石起源分类。
   - 根据岩石纹理特征、结构和形成分类。

岩浆岩或火成岩

岩浆岩是冷却和凝固后的岩浆，构成了整个地幔结构和95%的地壳，尤其是它们的深层部分。岩浆岩非常重要，因为这种岩石为人们研究岩浆提供了关于岩浆成分及其现象的信息，部分岩浆岩还具有相当的经济价值。

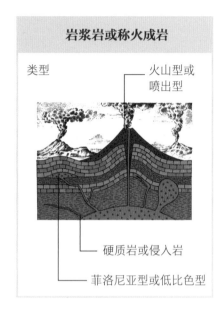

岩浆岩或称火成岩

类型
- 火山型或喷出型
- 硬质岩或侵入岩
- 菲洛尼亚型或低比色型

化学成分

岩浆岩或称火成岩的主要成分是铁硅酸盐、镁硅酸盐、钙硅酸盐、钠硅酸盐、钾硅酸盐和铝硅酸盐。如果铁和镁元素在岩浆岩中的含量高，而硅的含量低，则此岩石被称为深色硅酸盐。而如果正相反，岩石含有更丰富的二氧化硅，而钙、钠、钾、铝的含量超过铁和镁的含量，则此岩石被称为浅色硅酸盐。

岩石结构

- 玻璃岩：所有岩石由火山玻璃石形成。当熔岩非常黏稠并且迅速冷却时会形成这种岩石。
- 劈裂型岩石：晶体都很小，尺寸大致相同。它是通过整体的快速结晶形成的。
- 隐晶质岩石：同样是由于岩浆的相对快速冷却而形成，但其晶体是微观的，肉眼几乎不可见。
- 斑岩：小晶体的集合体形成基质或玻璃浆，其他较大的晶体则被嵌入其中。这是由于岩浆在开始上升到地表之前，内部已经形成晶体。
- 显晶岩或粗晶体：晶体尺寸都很大，结晶过程较为缓慢。
- 伟晶岩：非常大的晶体相互联

构成	霏细岩	安山岩	晶岩	超晶岩
变形温度	700℃～900℃	900℃～1000℃	1000℃～1100℃	1100℃～1200℃
深色硅酸盐占比	<10%	25%～45%	45%～90%	>90%
常见颜色	白色、粉红色、红色	灰色	深棕色、黑色	绿色
矿物成分的体积百分比	正长石　石英石	斜长石　云母　闪石	辉石	橄榄石

岩浆岩（火成岩）特征概述表

结。这种岩石在岩浆凝固的最后阶段形成，这个阶段岩石中的水和挥发性物质比例较高。

- 火成岩：岩石没有晶体，而是由其他岩石的碎片凝固后，在火山爆发时形成。

黑曜石：玻璃结构

花岗岩：闪长岩结构

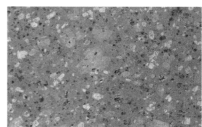

流纹岩：斑岩结构

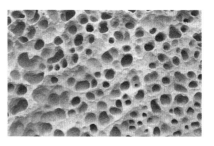

火山凝灰岩：火成岩结构

深成或侵入型岩浆岩

这种岩浆岩在地壳深处慢慢结晶。一般来说，这种岩浆岩由紧密结合的颗粒物或矿物（无水泥黏合且肉眼可见）构成。这些矿物晶体可能形状不规则，也不符合其晶体结构。在化学成分方面，这种岩浆岩大部分都是由硅酸盐构成。有一些岩浆岩含有石英、长石，又或是没有这两种物质。在自然界中，块状岩石以大块的、非层状的形式出现，如浴石（大块的岩石，在表面散开，覆盖了巨大的区域）、裂隙石（透镜状岩块）或块状物（夹在沉积的地层之间的管状物）。

花岗岩
主要矿物：石英、钾长石、斜长石、云母
次要矿物：磁铁矿、磷灰石、黄铁矿、锆石、电气石
副矿物：麝香云母、角闪石、辉石、石榴石
颜色：白色、灰色、淡红色、淡黄色、绿色
结构：斑岩性结构
用途：建筑、观赏，作为具有经济价值的矿物来源

英云闪长岩
主要矿物：斜长石、石英、角闪石
次要矿物：生物石、磷灰石、正长石
副矿物：奥氏体、辉石
颜色：中灰色
结构：颗粒状，局部过渡为斑岩状
用途：建筑和观赏

紫苏辉长岩
主要矿物：斜长石、单斜辉石
次要矿物：钛铁矿、磷灰石、赤铁矿
副矿物：绿色、棕色的闪石
颜色：灰色、绿色、棕色
结构：中至粗粒，有时为斑状结构
用途：与铜矿相关的用途

正长岩
主要矿物：斜长石、钾长石、闪石
次要矿物：生物石、石英、钛铁矿
副矿物：橄榄石、刚玉、霞石
颜色：从浅色到深灰色
结构：颗粒状，有时呈斑状，有时呈泡状
用途：建筑

花岗闪长岩
主要矿物：石英、斜长石、钾长石
次要矿物：黑云母、角闪石
副矿物：白云石、辉石
颜色：浅到深灰色
结构：颗粒状，通常是斑状的
用途：建筑和观赏

二长岩
主要矿物：斜长石、钾长石、辉石、角闪石
次要矿物：生物石、石英
副矿物：橄榄石、霞石
颜色：深灰色、绿色、棕色
质地：中等颗粒状
用途：建筑，有时与矿藏相关的其他用途

角砾云橄岩
主要矿物：橄榄石、石榴石、辉绿岩
次要矿物：辉石、钛铁矿、铬铁矿、石墨、金刚石、方解石
颜色：黄色、绿色、蓝色、黑色
结构：斑状颗粒状
用途：作为钻石的主要来源和火药的重要来源

在40倍放大率的偏光显微镜下拍下的白云石的显微照片。

白云石
主要矿物：辉石
次要矿物：角闪石、橄榄石、磁铁矿、黑云母、铬铁矿
颜色：深绿色、深棕色、黑色
质地：不同大小的颗粒
用途：有时用于建筑

橄榄石

橄榄石
主要矿物：橄榄石、辉石
次要矿物：铬矿
颜色：浅绿色到深绿色
纹理：中等颗粒，有时呈斑状
用途：有时与有经济价值的矿藏相关的用途

纯橄榄岩
主要矿物：橄榄石
次要矿物：辉石、红宝石
副矿物：石榴石、原生铂金
颜色：浅绿色
质地：中等颗粒
用途：与具有商业价值的矿藏相关的用途

斜长岩
主要矿物：斜长石
次要矿物：辉石、闪石、橄榄石、磁铁矿、钛铁矿、铬铁矿
副矿物：石榴石
颜色：白色、灰色、绿色、淡红色或偏黑
结构：颗粒状，结构均匀
用途：观赏和用于制造耐火材料

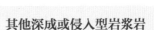

其他深成或侵入型岩浆岩

角闪石

主要矿物：角闪石

次要矿物：橄榄石、磁铁矿、辉石、黄铁矿、铬铁矿

其他属性

颜色：深绿色至黑色

结构：非常多样的颗粒

用途：没有商业价值但有科学价值的用途

碱性辉长岩

主要矿物：斜长石、辉石、正长石、生物石、闪石

次要矿物：橄榄石、磁铁矿、钛铁矿、榍石

副矿物：钠晶石、霞石

其他属性

颜色：深灰色至微黑

形状：密集

用途：有时与稀有矿藏相关的用途

石榴花橄榄岩

主要矿物：橄榄石、辉石、石榴石（辉石）

次要矿物：磁铁矿、石墨、红宝石、钻石

其他属性

颜色：带有红色斑点的深浅不一的绿色

结构：颗粒状

用途：作为钻石和橄榄石的母岩，有时用于珠宝制作

苏长岩

主要矿物：斜长石、辉石

次要矿物：橄榄石、角闪石、钾长石、钛铁矿、磁铁矿

其他属性

颜色：浅到深灰色、黑褐色

结构：中等至粗粒，质地均匀

用途：是钻石的母岩，也是世界上最重要的红宝石来源之一

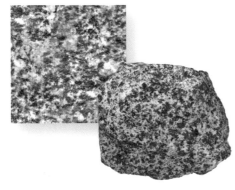

闪长岩
主要矿物：斜长石、角闪石
次要矿物：石英、钛铁矿
副矿物：辉石、正长石
颜色：深灰色至微黑
结构：中等到粗大的结构
用途：建筑

深海岩浆岩

这种岩石起源于上升到地表的岩浆的凝固。由于利用了地表的天然裂缝和裂纹，这些岩石的形状常常是片状或块状，称为岩钉或岩缝，可以有相当大的延伸，厚度在几厘米到几米之间，通常是斜向露出地表的。最常见的纹理是斑岩型、劈裂型、伟晶岩型和分区型（玻璃状外观，中心有较大晶体）。根据质地和成分，可将其分为3种：斑岩，由石英、长石和铁镁矿物组成，具有斑岩质地，非常坚硬；酸性辉绿岩，成分中没有铁镁矿物，但有石英和长石；碱性辉绿岩，富含铁镁矿物，颜色非常深。

红色斑岩   灰色斑岩

斑岩
主要矿物：石英、碱性长石
次要矿物：黑云母、斜长石、磁铁矿、磷灰石、锆石、辉钼矿、闪石（视其具体品种而定）
颜色：浅色、灰色、粉红色、红色、棕色
结构：通常为微颗粒膏糊状
用途：自古巴比伦文明和埃及文明至今，都用于雕塑、装饰和观赏

这尊雕像是在威尼斯圣马可大教堂的斑岩上完成的。

伟晶岩
主要矿物： 石英、碱长石、云母、云母碱
次要矿物： 绿柱石、磷灰石、黄玉、锆石、锡石
颜色： 根据副矿物的不同而变化
结构： 较大的晶体
用途： 在工业上用于提取各种矿物；抛光，用于装饰品制作

亚火山斜长岩

带棕色的辉绿岩

辉绿岩
主要矿物： 斜长石、单斜辉石
次要矿物： 菱形辉石、角闪石、橄榄石、磁铁矿、磷灰石、钛铁矿、黄铁矿、黄铜矿
副矿物： 方解石、绿泥石
颜色： 深色，偏黑、偏棕或偏绿
结构： 致密，有时有分区
用途： 主要与铜矿有关的用途；在较小程度上，用于建筑

其他辉绿岩或下沉岩

煌斑岩
主要矿物： 长石、黑云母
次要矿物： 橄榄石、白云石、角闪石、方解石、磁铁矿、菱铁矿
其他属性
颜色： 根据其不同品种，从深灰色至浅褐色或红色。
结构： 颗粒状或斑状
用途： 几乎没有商业价值

斜长岩型斑岩
主要矿物： 石英、斜长石、黑云母、角闪石
次要矿物： 辉石、磷灰石、绿帘石、磁铁矿、钛铁矿、黄铁矿、正长石
副矿物： 某些类型的角闪石、赤铁矿
其他属性
颜色： 灰色或绿色，有时因变质而偏红或偏蓝
结构： 斑岩性结构
用途： 铺路和覆土

火山岩或喷出岩浆岩

　　火山岩与火山喷发有关，岩浆喷射到地壳之外凝固便形成火山岩。火山岩的结构可以是较为紧凑，也可以呈海绵状（空泡），这完全取决于岩浆中的气体是否在冷却前被完全排出，如果部分气体以气泡的形式被困在岩石中，火山岩则呈海绵状。若岩浆冷却得非常快，火山岩中部分元素尚未结晶，则会形成一种称为火山玻璃的团块，这种团块的占比因岩石而异。与块状岩石一样，火山岩也可分为3种类型：有石英的、有长石的或没有这两种成分的。

玄武岩柱

火山岩的形成

玄武岩

玄武岩
主要矿物：斜长石、辉石
次要矿物：磁铁矿、赤铁矿、磷灰石、石英
副矿物：橄榄石、生物石、闪石
颜色：非常深，接近黑色，尽管它可以通过氧化改变颜色
结构：玻璃状至全结晶或低结晶
用途：建筑、铺路及作为玻璃棉的主要原料

流纹岩
主要矿物：石英、钾长石
次要矿物：生物石、磁铁矿、白云石
副矿物：板蓝根石、闪石、辉石
颜色：一般很浅，但也有其他颜色的品种
结构：通常为斑岩性结构
用途：用于制作建筑和磨料的隔热和隔音材料

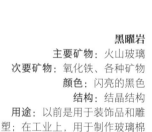

斑状玄武岩

黑曜岩
主要矿物：火山玻璃
次要矿物：氧化铁、各种矿物
颜色：闪亮的黑色
结构：结晶结构
用途：以前是用于装饰品和雕塑；在工业上，用于制作玻璃棉

英安岩
主要矿物：斜长石、石英、褐色角闪石、生物石
次要矿物：晶体、辉石、透长石
颜色：中灰色至深灰色，有时带红色
结构：斑状，在致密和流体之间
用途：无商用价值

粗面岩
主要矿物：斜长石、透长石、生物石
次要矿物：磁铁矿，闪石，辉石，磷灰石。锆石
颜色：白色、浅灰色、带褐色或绿色
结构：斑岩性
用途：用于建筑外墙和铺路

不同的安山岩

安山岩
主要矿物：斜长石、钛晶石
次要矿物：角闪石、石英、辉石
副矿物：橄榄石、铁氧化物、正长石
颜色：黑褐色或绿褐色
结构：斑岩性
用途：与铜矿相关的用途，有时用于建筑

响岩
主要矿物：霞石、钾长石、单斜辉石或钠闪石钠
次要矿物：钠长石、辉石、斜长石、磷灰石、白云石、钠长石、方沸石
颜色：灰色、绿色、棕色、粉红色
结构：玻璃状至全结晶状
用途：用于建筑，有时作肥料，部分品种可作装饰

浅黄色碳酸盐岩

霞石正长岩
主要矿物：霞石
次要矿物：辉石、橄榄石、黄长石、钛石、方钠石、斜长石
副矿物：沸石、白榴石
颜色：灰色、绿色、粉红色
结构：斑状全结晶块
用途：建筑

碳酸盐岩
主要矿物：方解石或白云石
次要矿物：钙碳酸盐、锰碳酸盐和铁碳酸盐、霞石、磷灰石、橄榄石、独居石、各种氧化物和硫化物
颜色：浅色、灰色或淡黄色
结构：致密
用途：作为许多稀有矿物的来源

浮石
基本矿物：火山玻璃
次要矿物：硅酸盐晶体、方解石晶体和沸石晶体
颜色：非常浅的灰色、淡黄色、淡粉色
结构：空泡状，有许多孔隙
用途：用作软磨料、建筑绝缘体

其他火山岩或喷出岩浆岩

玄武岩	**白榴石**
主要矿物：长石类、辉石类、单斜辉石、斜长石、橄榄石	**主要矿物**：白云石
次要矿物：棕色角闪石、钠钙矿、磁铁矿、磁铁矿、生物石、安石	**次要矿物**：橄榄石、方解石、黄长石、棕色角闪石、钛白璧石
	副矿物：霞石、玻璃
其他属性	**其他属性**
颜色：非常深的灰色	**颜色**：米白色或灰色
结构：斑岩性	**结构**：斑块状
用途：有时用于建筑	**用途**：有时用于建筑或铺路

玄武岩

　　玄武岩是自然界中广泛存在的火山岩，覆盖了地球表面近四分之三的面积，比所有其他岩浆岩所占面积的总和还要多。另外，玄武岩也是最硬的岩石之一。依据莫氏硬度表，玄武岩的硬度在4.8~6.5。

位于韩国济州岛的西归浦玄武岩雕像，是联合国教科文组织公布的世界遗产之一。

　　玄武岩是一种铁含量和镁含量都较高的岩石，与其他岩浆岩相比，玄武岩的硅含量相对较低。一般情况下，玄武岩在火山爆发时上升到地表，这时温度在1100℃~1250℃，并且以熔岩的形态快速流动。

石柱

　　在自然界中，玄武岩常常以柱状体的形式出现。玄武岩内部结构非常细密，甚至是玻璃状的颗粒结构，也常常出现在空泡状结构中（有许多空洞），这些空泡是在岩浆喷发过程中，因释放的气体被溶解在岩浆里而产生的。这些空泡通常充满了由热液或地下水沉积的矿物。另一种常见的结构是枕头状结构，简称为枕头。这种结构具有球状外观，中心部分非常致密，外部覆盖有空泡。

西班牙赫罗纳的玄武岩和英国北爱尔兰安特里姆的巨人堤道，都是以美丽、优雅的柱状构造而闻名于世的。加那利群岛的火山、埃特纳火山和夏威夷的部分火山也是玄武岩火山。在格陵兰、冰岛、苏格兰，美国的苏必尔湖、哥伦比亚河附近，意大利的撒丁岛和阿根廷等地同样也有重要的玄武岩。

在冰岛的西北部海岸，矗立着的巨大的赫维茨库尔玄武岩山体，它高达15米。

形成环境

玄武岩形成环境的特征与所有发生过火山活动的地区特征相吻合，包括陆地特征和海洋特征。玄武岩在洋底特别多，基本构成了洋壳的上层。在地表，玄武岩可能会出现在火山流中，覆盖巨大的地域。比如印度的德干高原，当地玄武岩层的面积约为30万平方千米，而西伯利亚所谓的"西伯利亚阶梯"目前覆盖约200万平方千米，几乎等于整个西欧的面积。此外，玄武岩还可能会出现在大陆或岛屿的火山弧中，以及地球上所谓的"热点"（相对于周围其他地区而言，火山活动非常频繁的地区）。

实际价值

玄武岩作为一种非常坚硬且耐侵蚀的岩石，自古以来就是建筑和雕塑的原材料。古埃及文明的许多法老和古印度文明各种神灵的雕像、奥尔梅克文明的巨大头像、著名的太阳石或阿兹特克日历以及建于6世纪的加达拉拜占庭教堂的柱子等，都是由玄武岩制成的，像这样的例子还有很多。如今，玄武岩继续被用于建筑业，同时也是一种理想的铺路材料，或是作为铺设铁路和公路的基础支撑材料。玄武岩还是生产玻璃棉（一种广泛用于建筑的隔热和隔音材料）的原材料。

一般属性

名称： 玄武岩

类别： 火山岩

外形： 柱状、垫状或空泡状

构成

主要矿物： 斜长石（拉布拉多石-倍长石）和辉石（通常是橄石）

次要矿物： 磁铁矿、赤铁矿、钛铁矿、磷灰石、石英

副矿物： 橄榄石、黑云母、玻璃、闪石和角闪石

其他属性

颜色： 非常深，接近黑色，尽管由于其成分的氧化，但可以变成绿色、红色或棕色

晶体： 玻璃体至全晶体或次晶体

丰度

图片所示为北爱尔兰的巨人堤道，该堤道包含了约4万个玄武岩柱。这些玄武岩柱都是由6000万年前火山喷发产生的熔岩迅速冷却形成的。

黑曜岩

人类使用黑曜石或火山玻璃的最早证据，可以追溯到约70万年前。当时的史前人类开始使用黑曜石来雕刻箭头、矛头和家用工具。因为黑曜石易于断裂成薄片，形成非常锋利的边缘，可用于切割。

黑曜石是一种结构致密的岩石，具有典型的贝壳状断口，同时含有丰富的氧化硅（占比70%，甚至更多），其化学成分与花岗岩和石英斑岩类似，又或与火山岩或喷出岩类似。

古阿兹特克人是雕刻黑曜石的高手。他们用黑曜石来制作战斗中用的武器、手术器械，用于宗教仪式和家庭生活的刀具。图中所示是箭头。

形成环境

黑曜石源于缺乏挥发性元素的液体岩浆的快速冷却。一般来说，黑曜石主要位于玄武岩的地壳，是爆炸性火山喷发所产生的碎片。有的时候，这种岩石通常呈现发丝状，因此也被称为"贝利的头发"，是以著名的贝利火山命名的，贝利火山是法国马提尼克岛上极负盛名的火山。

黑曜石最丰富的地方是那些靠近酸性火山的地方，如日本和印度尼西亚的爪哇岛，高质黑曜石也可能出现在美国爱达荷州和犹他州的史前中级岩浆流和夏威夷的玄武岩类型的史前熔岩流中。在西班牙，黑曜石在加那利群岛的所有火山岩层中都很常见。而在意大利，黑曜石在埃特纳和利帕里岛上也极为常见。

黑曜石的颜色

黑曜石最典型的颜色是亮闪闪的黑色，是由于其中含有高浓度的铁和镁。或多或少的其他附属矿物或杂质的浓度也会影响黑曜石的颜色，从白色（非常罕见）到绿色、蓝色、红色或棕色。此外，黑曜石切口的颜色会随着切口的方向而发生改变。例如，如果黑曜石的切口与矿脉平行，它就会维持原本的黑色。但如果是横向的切割，它就会变成灰色调，又被称为雪花黑曜石。这种品种的黑曜石由于存在

在古代，黑曜石是极为珍贵的：例如，在复活节岛，摩艾的眼睛就是黑曜石。如今，黑曜石的主要用途是用于服装和珠宝的装饰。

内含物（雪花石和三晶石）而具有斑驳的外观，主要盛产于墨西哥和美国。大部分红木品种的桃花心木黑曜石同样来自美国和亚美尼亚，由于内部含有赤铁矿颗粒而呈现出红色的色调。如果黑曜石中含有丰富的铁氧化物，其颜色就会接近棕色或桃花心木色。天眼品种为淡绿色，托卡耶-卢赫萨皮尔品种黑曜石则为蓝色，主要产自匈牙利的火山地区。来自墨西哥的维乔尔或彩虹黑曜石，在黑色背景上会显示出蓝色、绿色、紫色和金色的色调，当岩石暴露在阳光下时，这种彩虹色会更加强烈。还有一种金色品种的黑曜石，同样来自墨西哥，与前者类似，更不透明，有一种深色的"猫眼"类型的颜色，接近金色或银色。这是因为当黑曜石暴露在阳光下时，有气泡留在岩石内。气泡是在岩石快速冷却时，被困在岩石中。

这些品种的黑曜石，和许多其他具有烟熏色或珍珠色品种的黑曜石一样，都备受欢迎，常用于珠宝制作和装饰。这也是黑曜石目前除了纯粹的科学研究价值和收藏价值之外的主要经济价值。

一般属性

名称： 黑曜石

类别： 火山岩浆岩

构成

主要矿物： 火山玻璃

次要矿物： 氧化铁，各种矿物质

其他属性

颜色： 闪亮的黑色

结构： 结晶状

丰度

黑曜石耳环，拥有亮闪闪的黑色，其切口与岩石脉络平行。

亮闪闪的黑色黑曜石

雪花黑曜石

桃花心木红色黑曜石

棕色或桃花心木黑曜石

蓝色黑曜石

绿色黑曜石

不同品种的黑曜石，除了特有的闪亮黑色外，还有其他颜色：雪花色、桃木色、棕色或桃花心木色、蓝色和绿色。

沉积岩

沉积岩分层排列，可深入地壳10千米。沉积岩覆盖了地球表面的75%，同时，可以在一定程度上延伸到岩浆岩和变质岩上。考虑到这些数据，与其他岩石相比，沉积岩的总体积相对较小。

沉积过程

沉积过程形成的岩石，通常是其他原有岩石转化的产物。这些岩石被机械、化学或生物制剂侵蚀和分解，产生不同大小或溶解度的碎片，随后通过水（河流和溪流）、冰（冰川）或大气（风）的运输，最终在适当的地区（湖泊、三角洲和河口、海洋平台、深海盆地）沉积。也正是在这些最后沉积的地区，那些分层沉积的物质被固化压实，形成了新的岩石。

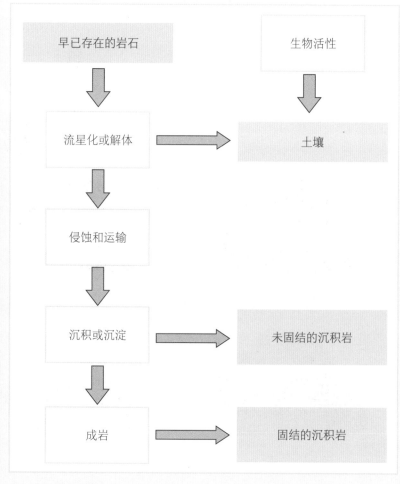

沉积岩形成过程图示

组成和结构

尽管沉积岩在形成过程中产生了许多成分，但主要的成分可以分为3种类型：

- 土生的或碎屑的。原本就存在的岩石中的晶体和岩石的碎片通过变化和解体形成沉积岩。沉积岩的形状和大小与把它们带到沉积区的运输过程直接相关。
- 正变化学物质。在沉积过程中或沉积过程后通过化学或生化沉淀在沉积区形成沉积物。
- 异变化学物质。由沉积区的物质经过化学或生物化学沉淀后形成的新物质，最终作为碎块被纳入沉积物中。

沉积岩通常是碎屑的、连续的或这两者的组合。在第一种沉积岩中，碎片被嵌入基质中，而基质可能是由非常细小的颗粒或由有或没有晶体的沉淀物所形成。第二种沉积岩的结构是连续的，出现在化学沉积岩和有机沉积岩中，由从液体或气体溶液中生长出来的晶体组成。

在秘鲁安第斯山脉的彩虹山或维尼昆卡山，人们可以看到200万年前至65万年前在这个地区积累下来的源于不同层次的沉积物。这些沉积物的每条条纹根据其成分有不同的颜色：紫红色是红色黏土、泥岩和沙子的混合物；红色是泥灰岩和黏土；紫色是由泥灰岩和硅酸盐组成的；绿色是富含铁和镁的黏土；淡白色是砂岩和石灰岩；芥末色的是钙质砂岩和褐煤岩。

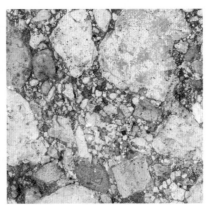

图为碎屑结构的布丁岩，是沉积岩中的一种砾岩。

沉淀岩

根据其形成过程：

碎屑沉积形成

- 砾岩
- 砂岩
- 黏土

泥灰岩

化学或生物过程形成

- 碳酸盐
- 磷酸盐
- 蒸发石
- 铁锈
- 铝合金

有机物形成

碎屑岩或碎屑沉积岩

　　碎屑岩或碎屑沉积岩是通过快速机械破坏原生岩石形成的，几乎没有或者很少发生化学变化。因此，碎屑的成分与最初沉积岩的产物相同。

　　黏土岩与众不同，它是由源岩中的矿物产生缓慢的化学变化形成的。人们用碎屑或"颗粒"的大小是来对其进行分类：砾岩，粗粒径大于或等于2毫米；砂岩，中粒的直径在0.062~2毫米；粉砂岩，细粒的直径在0.004~0.062毫米；黏土，粒径小于0.004毫米（4微米）。填充在颗粒之间的成分往往是基质或水泥。两者之间的区别在于，基质是脱屑性的，即作为固体颗粒，而水泥是化学性的，是在岩石的形成期间产生的。

沉积砂岩

黏土沉积，位于美国犹他州和亚利桑那州的峡谷内。

西班牙卡斯得迪拉山脉上的黏土、石膏和砂岩。

砾岩
成分：岩石或岩石的成分
颗粒大小：粗大
基质：通常是沙质，有黏土质的钙质水泥
外观：颜色多变且不规则
地质环境：强烈的风蚀或水蚀和非常快速的运输
用途：建筑

布丁岩
成分：岩石或岩石的成分
颗粒大小：粗糙，有圆润的碎片
基质：沙质或淤泥质
外观：颜色不一，在米白色和深灰色之间
地质环境：冰川期或冲积期砾石的固化
用途：建筑和涂料

角砾岩
成分：岩石或岩石的成分
颗粒大小：粗糙，有角质碎片
基质：方解石、沙质、石灰质或黏土质
外观：各种颜色
地质环境：岩溶洞穴中的坍塌物或斜坡上堆积的碎石固结；也可能是岩石在褶皱过程中断裂（摩擦角砾岩）或通过松散沉积物的固结（岩层内角砾岩）。
用途：建筑中的铺路材料和装饰材料。

冰碛岩
成分：非常多样，从黏土到卵石
颗粒大小：粗大且非常不均匀
基质：通常是黏土质
外观：颜色不一
地质环境：冰川的强烈侵蚀和快速运输

泥岩
成分：各种黏土矿物与石英、长石、碳酸盐和云母，有时还有铁氧化物、黄铁矿晶体和石膏结核
颗粒大小：极细
外观：不同深浅的灰色、红色或绿色
地质环境：有长期流通的湖泊和海洋沉积物；有时没有经过运输，直接由原存岩石的化学或物理改变形成
用途：陶瓷工业、砖和耐火材料的制造

灰白岩
成分：各种石英、长石岩石碎片
颗粒大小：中等且不均匀
基质：淤泥质或黏土质
外观：深灰色至棕色
地质环境：大陆坡地岩石的风化作用和海洋固结
用途：用于建筑

砂岩
成分：石英、长石、云母和方解石，以及常见的重矿物
颗粒大小：中等
水泥：硅质、白垩质、黏土质、白云岩或石灰岩质
外观：颜色可变，有白色、灰色、黄色、绿色、浅粉红色、红色、棕色
地质环境：由风或水和海洋输送的物质的固结
用途：建筑

化学沉积岩和生物沉积岩

化学沉积岩和生物沉积岩包括各种各样的岩石，主要有碳酸盐岩、磷酸盐岩、蒸发岩和铁锈色岩石。碳酸盐岩的储量非常丰富。碳酸盐岩最开始是碳酸钙沉淀后产生石灰岩、钙、镁，以及白云岩。磷酸盐岩，与之相关的是磷酸三钙，来自脊椎动物骨骼和排泄物残骸的堆积，这种磷酸三钙通常取代碳酸钙，产生磷酸盐石灰岩，或以磷矿结核的形式堆积在碎屑岩中。蒸发岩主要由碱性或碱土性的硫酸盐和氯化物组成，当包含蒸发岩的海水或潟湖蒸发时，这些物质就会沉积下来。铁锈色岩石含有一些铁化合物，主要是以氧化物的形式存在。这些岩石不完全是化学沉淀岩。这其中也包括了泥灰岩。泥灰岩正是这些岩石和碎屑岩之间的一种岩石。

意大利布伦塔的多洛米蒂山风景

锰结核

类型： 硅质岩石

成分： 以氧化物和氢氧化物形式存在的铁和锰；少量的黏土、石英、方解石和残余矿物

颗粒大小： 非常细小

外观： 颜色为深棕色至黑色

地质环境： 在深海海底沉积，特别是在地下火山附近

用途： 作为金属的来源

鲕粒状沉积岩或披覆岩

类型： 碳酸盐岩

成分： 小球状方解石颗粒（卵石）围绕着一个内核排列；还有文石、褐铁矿和玉髓

外观： 白色、浅黄色或浅褐色

地质环境： 总是在温暖的浅海海域中形成

用途： 无商业价值

洞石和钙质凝灰岩

类型： 碳酸盐岩

成分： 方解石或文石，含褐铁矿杂质

颗粒大小： 粗大

外观： 浅色、白色、奶油色或灰色、浅黄色或粉红色

地质环境： 河流、瀑布、地下洞穴或温泉沉积物中富含碳酸钙的液体蒸发（雪花石膏片）

用途： 雕塑、建筑、覆土、铺路、装饰品

鲕粒状石灰岩或豆岩
类型：碳酸盐岩
成分：小球状方解石颗粒（卵石）围绕一个中心排列；还有文石、褐铁矿和玉髓
外观：白色、淡黄色或棕色的颜色
地质环境：这种岩石总是在温暖的浅海中形成
用途：无商业价值

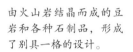

由火山岩结晶而成的豆岩和各种石制品，形成了别具一格的设计。

泥灰岩
类型：在碎屑岩和化学岩之间
成分：石灰石（少部分白云石）和黏土矿物的混合物，含有微量的石英、云母和碳质碎屑
颗粒大小：在细粒和超细粒之间
外观：从很浅到很深的灰色，有时呈棕色或绿色
地质环境：来自海洋或湖泊碎屑沉积物，经长期运输形成，其中部分已与化学沉淀物或有机物残留物混合。
用途：主要用于水泥行业

白云岩
类型：碳酸盐岩
成分：主要是白云石（镁质碳酸钙），有时是方解石、褐铁矿和石英
颗粒大小：在中、细之间
外观：浅色、白色、淡黄色、灰色、棕色或粉红色
地质环境：很少从海水成分中直接析出；更多的是与通过海水或内陆盐池中溶解出来的镁进行交换，从石灰质岩石中析出
用途：建筑

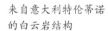

来自意大利特伦蒂诺的白云岩结构

硬石膏
类型：蒸发岩
成分：主要是方解石或文石，含有褐铁矿杂质
颗粒大小：从粗到非常粗
外观：蓝灰色
地质环境：海水和大陆咸水的蒸发
用途：抛光后可作为涂层，也可用于造纸业

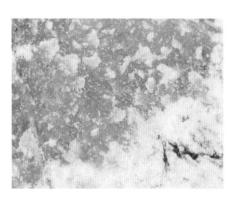

有机物沉积岩

有机物沉积岩是指那些在其形成过程中有动物和植物等生物参与的岩石。它们可以分为两种：一种是经过生物矿化过程的骨骼积累而产生的，另一种是通过非骨骼部分——生物的细胞物质转化而成的。第一种包含各种各样的沉积岩，这些岩石在本书之前的章节中讲解过。沉积岩的起源可以是化学的、生物的，或者是更常见的——既是化学的又是生物的。在有机物沉积岩的形成中，以海螺或化石为例。海螺或化石是由海洋动物的贝壳或骨骼积累形成，尤其是软体动物、腕足类动物、棘皮动物和货币虫；还有白垩，这是一种白色的、结构并不很紧密的沉积岩，主要由有孔虫的壳形成。至于第二种的岩石，又称为有机岩石，主要是矿物煤（在下一页有更详细的解释）和石油。

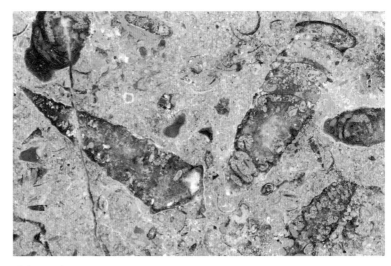

带有锥螺壳的风化沉积岩（腹足动物化石）

含有三叶虫、腕足类和浮游生物的风化沉积岩

风化的锥螺化石

带有贝壳痕迹的风化沉积岩

化石沉积岩

类型：有机碳酸盐岩
成分：以石灰石为主，还有文石和白云石；少量的硅酸盐、石英，有时还有硫化物、铁和锰。
颗粒大小：从粗到非常细
外观：颜色非常多变，从白色到淡黑色
地质环境：由海洋生物的钙质骨骼堆积而成
用途：用于科学研究、装饰、建筑和石灰制造

白垩

风化菊石

菊石化石

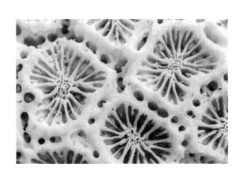

带有珊瑚痕迹的风化沉积岩

磷酸盐
类型：有机磷酸盐岩
成分：磷灰石、方解石、黏土、褐铁矿、有孔虫壳和其他化石遗迹，还有磷酸盐、砷酸盐和钼酸盐
颗粒大小：从中到细
外观：深灰色、棕色、红色或黄色
地质环境：来自内陆和海洋沉积物中鸟粪和动物残骸的沉积积累；几乎不可能是水中磷盐的直接沉淀
用途：生产磷酸盐肥料

矿物煤
类型：有机物沉积岩
成分：主要成分是碳、氮、氧、氢和硫，还有水和挥发物
颗粒大小：从粗到细，取决于具体类别
外观：棕色或黑色，取决于具体类别
地质环境：在没有空气的情况下，由植物的碎片转化形成
用途：主要作为燃料，用于发电和工业的各种应用

沼泽中的铁矿
类型：有机铁素体岩石
成分：褐铁矿、菱铁矿、戈铁矿和赤铁矿，与方解石、磷酸盐和其他物质相关
粒径：细
外观：微黄、微红或微黑
地质环境：细菌对水循环非常有限的湖泊或海洋造成沉积物，成岩作用明显且强烈
用途：生产铁的原料

硅藻土
类型：有机硅质岩
成分：硅藻微化石，分泌硅质骨架；有时是海绵孢子和有孔虫和放射虫的残骸
颗粒大小：非常细
外观：白色、淡黄色或灰色
地质环境：由上述生物在湖泊和海洋环境中沉积形成，有可能正是在富含二氧化硅的火山源和性质的水域中
用途：作为金属和化妆品行业的助熔剂、研磨剂，天然杀虫剂，从前还曾用于稳定生产炸药的硝化甘油

油料
类型：有机物沉积岩
成分：不同有机化合物的混合物，主要是气态碳氢化合物（天然气）、液体（石油）和固体（沥青和沥青）
外观：颜色多变，从淡黄色，浅黑色到深黑色
地质环境：由积累在洋底的浮游生物碎片在厌氧（无空气）环境转化形成
用途：主要作为燃料和能源；也是许多衍生品的原料，如塑料

矿物煤

矿物煤这种有机沉积岩是在大约3.65亿年前由植物残骸沉积形成的。自古以来，它就是使用广泛的一种固体燃料。然而，矿物煤是一种不可再生的自然资源。2021年，英国石油公司发布的《世界能源统计年鉴》显示，矿物煤的消耗约占世界总能源消耗的28.8%。

矿物煤起源于沼泽、潟湖或河流三角洲底部积累的植物碎片，这些植物碎片在厌氧（无空气）环境下转变成了矿物煤。厌氧菌的作用主要集中在这些植物碎片的纤维素和木质素上，将其分解为二氧化碳和甲烷（释放的气态化合物）以及作为沉积物保存下来的游离碳。然后，游离碳被碎片沉积物覆盖，形成煤层。为确保这一碳化过程顺利进行，植物碎片必须迅速被掩埋，这样就不会发生腐烂。

根据矿床的碳含量和形成时间的不同，矿物煤可分为4种类型的矿物煤：泥煤、褐煤、煤和无烟煤。

无烟煤

无烟煤是最坚硬、结构最紧凑，古老且碳含量最高的煤，碳含量高达95%，这意味着无烟煤的热值可以达到8000千卡/千克（约33500千焦/千克）。从源头上说，无烟煤起源于大型沿海盆地中的硬煤，通过变质作用或进一步的岩化作用而沉积在地层。形成时间是古生代，具体来说是石炭纪和二叠纪。无烟煤的总储量约占世界煤炭储量的1%。

作为一种很难点燃的煤，无烟煤所含的挥发性物质很少，形成的火焰很小，但产生的热量很大。同时，它的污染性不大，处理时也不易沾染。

蒸馏煤，可以获得以前在城市中使用的煤气和钢铁工业中用作燃料的焦煤。

煤

除了一直是广泛使用的典型燃料外，现代生产的煤比以前有了很多变化，含水量更低，含碳量更丰富，从75%到80%。这也意味着这种煤的热值也更高，约为7000千卡/千克（约29300千焦/千克）。它非常坚硬、易碎，颜色为黑色，无光泽或油光光泽。从起源上来说，煤起源于原生代或古生代的石炭纪和二叠纪时期，来自气候潮湿和温带的沼泽地区生长的大型树蕨森林。

褐煤

褐煤是一种褐色的、结构不太紧凑的煤。从形成上来说，褐煤是由泥煤压缩形成的，可以从中识别出木材和其他植物的结构。它的碳含量在60%~75%，这意味着它的热值比泥煤还要更高一些，约为5000千卡/千克（约20929千焦/千克）。褐煤形成于第二和第三纪的白垩纪时期，由河口积累的针叶林遗迹形成。有一种更紧凑、更有光泽的黑色褐煤品种，又被称为煤玉，可用于珠宝业。

褐煤也被认为是一种中等质量的燃料。由于挥发性物质含量高（约40%），它非常容易燃烧。

泥煤

泥煤是一种棕色的煤，非常轻，具有海绵状结构，从结构中仍然可以看到形成它的植物遗留物。泥煤的含煤量相对较低，在50%~60%，其形成时间为第三纪末至今。虽然它的热值不是很高，约为4000千卡/千克（约16743千焦/千克），而且事先必须进行处理，即在干燥环境下放置一段时间，但由于其易于提取，自古以来就被人类开发利用。

在所有类型的矿物碳中，泥煤不是最好的燃料，热值不高，燃烧时还会释放出氢气。得益于其海绵状的质地，泥煤被广泛用作园艺的基质。

变质岩

变质岩的名称（来自希腊语的*meta*和*phorme*，"形式的变化"）已经解释了它的起源：变质岩是先前早已存在的岩石转化的结果，当这些岩石受到某些物理或化学因素的影响，或两种影响相结合时，它们经历了结构性变化。这些变化通常发生在地表以下，在不失去其固体状态的情况下，原始岩石转变为变质岩。

变质过程

地壳不是一个稳定的、不变的圈层，易受地质现象影响，进而会对已经形成的岩石产生作用。每种岩浆岩或沉积岩只有在一定的压力和温度条件下才会稳定。因此，如果这些参数有任何变化，最初的岩石往往会发生变化，以便在这些新条件下重新达到平衡。

产生的新岩石将取决于初始岩石的成分，以及变质过程的时间和特点。因此，这些岩石的变质程度可以分为多种，一般用温度进行分类：极低变质岩（100℃和200℃~250℃），低变质岩（200℃~250℃和400℃~450℃），中变质岩（400℃~450℃和600℃~650℃）和高变质岩（超过650℃）。

同样的变质岩可以有不同程度的变质，这取决于它是如何形成的。大理石是一个非常典型的例子。大理石起源于石灰岩、白云岩与火山侵入物或熔岩流接触时的变质。其变质程度从低到高不等，接触越广泛的，变质程度越高。

大理石是一个非常典型的例子，可以在所有不同程度变质的岩石中找到。

变质条件的强度也可以由另一个概念来定义，即变质面。它指的是在一定的温度和压力范围内，发生变化的任何成分的变质岩的集合。

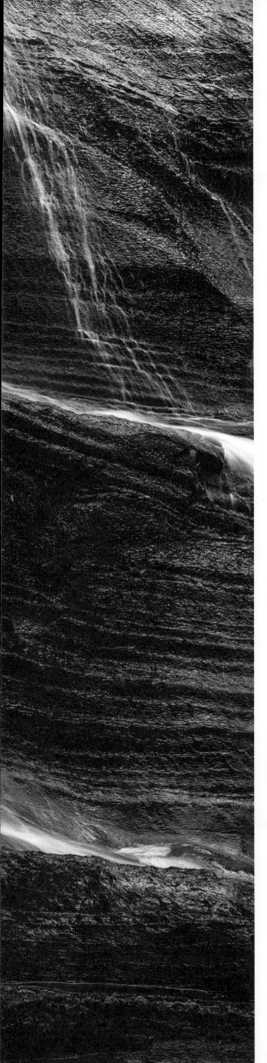

板岩的形成

变质岩的结构

考虑到变质作用的类型，根据结构，变质岩可以分为两大类：

这张薄薄的石英岩切片显微照片，显示了它的线条纹理没有确定的方向。

- 叶状变质岩。在变质过程中，叶状变质岩受到热量和压力差的影响，产生了矿物的平行排列，形成了岩石具有带状或分层的外观。板岩、片麻岩和片岩都属于这一类变质岩。
- 非叶状变质岩。与前者正相反，在非叶状变质岩中，没有明确方向的矿物，但它们通常形成非常多样化的镶嵌。非叶状变质岩是接触性或区域性变质作用导致的结果。这一类变质岩包括石英岩、大理石和蛇纹岩。

灾变质地。这些岩石中的矿物晶体由于受到高压和机械应力作用而显得破碎或变形。具有灾变质地的岩石的例子有糜棱岩和陨石。

此外，经历过动态变质过程的岩石，如褶皱或断层，据说会具有

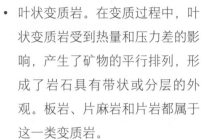

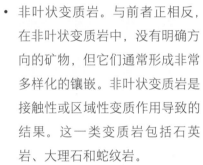

叶状变质岩和非叶状变质岩的例子。从上到下，依次为片麻岩（叶状）和大理岩（非叶状）。

变质岩

分类：

- 按化学或矿物学成分分类
  - 黑云岩和超黑云岩（来自该类型的岩浆岩，如辉绿岩和橄榄岩）
  - 橄榄石（来自黏土质沉积岩）
  - 片麻岩（来自酸性岩浆岩或砂岩类型的沉积岩）
  - 碳酸盐岩（石灰岩和白云岩）
  - 硅酸钙岩（含黏土成分的碳酸盐岩和泥灰岩）
- 按照岩石起源或原石分类
  - 正化学物，来自岩浆岩
  - 异化学物，来自沉积岩

变质岩

　　变质岩大多源于区域性变质作用，即发生在地壳深处的极端温度、压力和变形，这种作用影响区域非常大，有时方圆数百千米内都受此影响。在变质岩中，变质强度的分级通常取决于它们所承受的压力和/或温度。本节的变质岩源于接触变质作用，即岩浆与周围的岩石接触，由于高温而改变了岩石，促成了新矿物的形成。还有一些变质岩源于所谓的动态变质作用，即造山过程中产生的压力或应力。

石英岩
变质作用的类型：区域性
变质程度：完全变质，取决于次要矿物和副矿物
主要矿物：石英
次要矿物：云母（白云母、铬云母、黑云母）、长石（正长石、微晶石、酸性斜长石）、残余重矿物
副矿物：石榴石、方解石、硫化物
颜色：可变，根据矿物的不同，从白色到黑色
结构：块状，层状或片状
用途：建筑（铺装和涂料）、玻璃、陶瓷和耐火材料行业

德国硬绿泥石的片岩表面

米卡斯岩
变质作用的类型：区域性
变质程度：中到高
主要矿物：石英、云母（麝香石、生物石）
次要矿物：锆石、黄铁矿、钛铁矿、磷灰石、电气石、绿泥石、磁铁矿、石墨
副矿物：石榴石（铝榴石）、安达卢西亚石、斜长石、蓝晶石、堇青石、绿帘石
颜色：如果含有白云母，则呈银色或灰色，如果含有黑云母，则呈褐色或黑色
结构：非常突出的片状，有时折叠成波状
用途：码头和防波浪堤坝的建造

硬绿泥石
变质作用的类型：区域性
变质程度：低
主要矿物：石英、云母、绿泥石
次要矿物：白云石、黄铁矿、钛铁矿、磷灰石、电气石、赤铁矿、石墨
副矿物：石榴石、碳酸盐、绿帘石
颜色：绿色至银灰色或灰白色
结构：非常突出的片状结构，有时折叠成波浪状
用途：有时制成片状，用于小型建筑的屋顶

板岩
变质作用的类型：区域性变质
变质作用程度：低
主要矿物：石英、云母、黏土矿物和长石
次要矿物：绿泥石、赤铁矿
颜色：通常是蓝黑色或灰黑色，有时带红色或紫色
结构：巨型
用途：在建筑、装饰方面有多种用途。古时候用于写字

泰坦石
变质作用的类型：区域性
变质作用程度：低
主要矿物：滑石
次要矿物：方解石、菱镁矿、绿泥石、磁铁矿、白云石
副矿物：蛇纹石、水闪石、透闪石
颜色：灰白色，有时呈绿色
结构：非常突出的片状结构
用途：作为工业滑石粉的来源

蛇纹石

变质作用的类型：区域性
变质程度：低
主要矿物：蛇纹石
次要矿物：磁铁矿、菱镁矿、滑石
副矿物：水闪石、透闪石、白云石、绿泥石
颜色：浅绿色至黄绿色
结构：巨型
用途：作为抛光板材的涂料

背景是蛇纹岩石

片麻岩

变质作用的类型：区域性
变质程度：中到高
主要矿物：长石（微斜长石、钠长石或斜长石）和云母（白云母、黑云母、凤云母）
次要矿物：黄铁矿、锆石、单晶石、磁铁矿、钛铁矿、磷灰石、电气石、绿帘石
副矿物：石榴石（白云石）、安达卢西亚石、角闪石、蓝晶石、堇青石、辉石、石英、绿泥石
颜色：浅色，带有或多或少的深色脉络
结构：块状或椭圆状
用途：建筑

麻粒岩

变质作用的类型：区域性
变质程度：高
主要矿物：正长石、石英、石榴石、斜长石、石榴石、斜长石
次要矿物：刚玉、红宝石、金红石、磁铁矿
副矿物：正辉石、斜辉石、棕角闪石、堇青石、蓝晶石
颜色：根据其具体成分不同而有多种颜色
结构：巨型
用途：有时用于建筑

闪岩

变质作用的类型：区域性
变质程度：中等
主要矿物：角闪石（直闪石、角闪石、花青石）和斜长石（安山石-旁石）
次要矿物：磁铁矿、钛铁矿、石英、表皮石、榍石
副矿物：石榴石（芒硝、火烧石）、黑云母、白云石
颜色：深色或绿色，有时带有白色或黄色的斑点
结构：片状或单眼状
用途：偶尔作为观赏石使用

伊戈石

变质作用的类型：区域性
变质程度：低或中等
主要矿物：石英、石榴石、云母
次要矿物：黄铁矿、金红石
副矿物：蓝晶石、角闪石、黝帘石、刚玉、白云石、琉璃石
颜色：在绿色和红色之间，有时既有绿色又有红色
结构：巨大的
用途：无商业价值或工业价值

大理石

变质作用的类型：区域性和接触性
变质作用的等级：由低到高
主要矿物：方解石
次要矿物：黄铁矿、钛铁矿、石墨，有时没有
副矿物：石英、云母、绿泥石、斜长石、白云石、绿帘石、滑石、维苏威岩、蛇纹石、水闪石、透闪石、法闪石
颜色：白色、绿色、灰色、棕色、红色、黑色
结构：巨型
用途：对建筑来说是非常重要的建材，包括粗糙的大理石和抛光的大理石，还可以用于雕塑，作为观赏石，石灰制造和化学工业

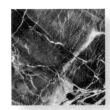 

其他变质岩

绿泥石岩

变质类型：区域性
变质作用的程度：低
主要矿物：绿泥石
次要矿物：方解石、黄铁矿、钛铁矿、磁铁矿
副矿物：钠长石、滑石、绿泥石、白云母、石英、闪石、阳起石、琉璃石

其他属性

颜色：偏灰或偏绿
结构：片状或块状
用途：用于建造屋顶，制作厨房用具，作为装饰品

罗定石

变质类型：变体式
变质程度：低
主要矿物：石榴石、绿泥石和辉石
次要矿物：钛矿
副矿物：绿帘石、维苏威尼石、闪石

其他属性

颜色：非常多变，从浅色到黑色，通过粉红色、红色、绿色和棕色
结构：巨大的
用途：仅限收藏

大理石

　　大理石结构紧凑、晶莹剔透，自古以来，征服了众多雕塑家和建筑师。这些雕塑家和建筑家们用自己的作品，使大理石成了石头之美的典范，也成了权力和精致的象征。如今，除了这些用途外，大理石的精致美丽与特有的硬度结合在一起，还有更广泛的应用。

上图为大理石。下图为所谓的大理石大教堂，位于智利巴塔哥尼亚，是由卡雷拉将军湖的水在古生代大理石中挖掘的一系列洞穴组成的自然构造，形成了该地区的地质基础。据估计，这个天然建筑拥有超过50亿吨的大理石。

　　大理石是一种主要由碳酸钙组成的岩石，碳酸钙在大理石的组成物质中所占的比例超过了90%。正是碳酸钙这种化合物让其独具特色。例如，只需对其进行抛光或研磨处理，就可以获得高度的自然光泽，而不需要添加任何外来物质。

大理石的起源

　　大理石源于纯石灰岩，通过纯石灰岩区域变质作用或接触变质作用后的重新结晶而产生。变质作用的程度，即岩石由于地球内部的压力和温度而经历的改变程度，并不总是相同，而是根据大理石的种类从低到高变化。

开发和储藏

　　在自然界中，大理石通常以不规则的块状形式出现，较为少见的是以层状或叠状出现。一旦找到，就可以直接在露天采石场开采。在采石场，人们通过炸药或者涂有金刚石粉末的钢缆，开采出岩石块状的大理石。

　　世界上最著名的大理石矿床位于意大利的卡拉拉，那里开采出来的大理石洁白，几乎没有纹路，质量非常好。在意大利的诺瓦拉，主要开采的大理石是粉红色的，也有白色的、灰色的和淡黄色的。在阿尔卑斯山和希腊也有非常有趣的矿藏。西班牙有很重要的马卡尔采石场，阿尔梅里亚出产洁白且质量高的大理石。在西班牙的维兹卡亚、吉普斯夸、巴伦西亚、卡斯特利翁和赫罗纳也是如此，生产质量高的大理石。

巨大的商业利益

无论是粗糙的还是抛光的大理石，都是实际应用最广泛的岩石之一，尤其是在建筑和装饰方面。从传统上来说，最受欢迎的大理石品种是纯白色的，这种大理石目前仍然是雕塑的首选（所谓的雕塑用大理石）。如今，其他颜色的大理石也逐渐商业化了，包括：乳白色、红色、棕色、栗色、绿色、灰色、淡黄色、淡蓝色和黑色的大理石。所有这些大理石颜色都均匀分布，以线条或网络组成斑驳图案（大理石纹）。正因为大理石的种类繁多，所以在商业上通常采用原产地的名称，或该种大理石最有特色

印度阿格拉的泰姬陵，这是一座大型的大理石殡葬纪念建筑，是在1631～1654年由沙贾汗皇帝下令为纪念他的妻子蒙塔兹–马哈勒而建立的。

的颜色，或同时采用这两种方式来命名。比如麦可尔白色大理石和阿利坎特红色大理石。然而，应该指出的是，部分类型的岩石来自石灰岩，也被称为大理石，但从岩石学上来讲，它们并不是真正意义上的大理石。

石材艺术

历史上著名的大理石艺术作品不胜枚举，由于篇幅所限，这里仅仅列举几个例子。比如：在雕塑方面，值得一提的有帕特农神庙的浮雕、佩加蒙祭坛、《米洛的维纳斯》《萨莫色雷斯的胜利女神》、米开朗琪罗的《大卫》、贝尔尼尼的《阿波罗与达芙妮》以及罗丹的《吻》等；在建筑领域，雅典的帕特农神庙、罗马的君士坦丁拱门和斗兽场、格拉纳达的阿尔罕布拉宫的狮子庭院和印度的泰姬陵都极负盛名。

意大利卡拉拉的白色大理石采石场

一般属性

名称: 大理石

类别: 区域性或接触性变质岩

外观: 块状或带状结构

组成

主要矿物: 方解石

次要矿物: 黄铁矿、钛铁矿、石墨；有时没有次要矿物

副矿物: 石英、云母（白云母、金云母、铬云母）、绿泥石、斜长石、白云石、绿帘石、滑石、维苏威岩、蛇纹石、水闪石、透闪石、法沙石、硅灰石、弗洛斯特石

其他属性

颜色: 白色、奶油色、黄色、绿色、灰色、棕色、红色、蓝色、黑色

其他: 抛光后有自然光泽；可以被盐酸侵蚀，会通过释放二氧化碳产生气泡

丰度

宝石和观赏石

　　宝石学是一门应用科学，致力于研究制作珠宝和装饰品的宝石。宝石包括矿物（明亮的红宝石）、岩石（煤玉）、天然材料（珍珠、珊瑚）和人造产品（全部人造或部分人造）。只有金属，如金或银，被排除在宝石学的研究范围之外。

宝石及其合成产品

　　区分天然宝石有3个主要特性：宝石的美，通常与其光学特性（颜色、光泽、透明度、光散射能力）有关；宝石的耐久性，则通常与其物理特性和化学特性（硬度、韧性、抗各种物品的击打）有关；宝石的稀有性，指的是它们的天然丰度或稀缺性与人们的消费需求的关系。

　　在应用于宝石学的材料中，矿物、岩石、珍珠、象牙、玳瑁、珊瑚和宝石，这些材料经过某种处理来提高质量后，仍然被认为是天然的。

直到最近，人们还常常使用"半宝石"一词来指价值较低的宝石，但目前已经不建议使用该术语了。

在宝石学中，"珍珠"一词略显特殊，仅指没有任何其他添加物，天然形成的。对于人工或合成珍珠，必须明确提及其来源。

| 水晶 | 蓝宝石 | 锆石 | 钻石 | 莫桑石 |

天然钻石与各种宝石（石英、蓝宝石）及人工仿制品（锆石、莫桑石）之间的比较。

人工产品，即完全或部分由人类制造的产品，可以分为以下几类：

- 再生或合成宝石，由天然材料的碎片或粉末制成。
- 复合宝石，通过将不同的材料黏合起来以模仿天然宝石的宝石；这种宝石通常结合了天然材料和合成材料。
- 合成石，完全是人造的，其化学成分和特性与它们所模仿的天然宝石相同。
- 人工材料，是人造的，在自然界中没有类似物，如锆石。
- 仿制品，模仿天然宝石的产品，可能属于上述4类中的任何一类。

宝石的特性

对宝石的评估与对一般矿物的评估一样，诸如颜色、光泽、硬度、韧性等术语已在前文中解释过。因此，在本节中，我们将只关注宝石特性及具体含义。在这方面，光学特性尤其重要。

- 硬度。它很重要，决定了镶嵌在珠宝中的宝石的耐用性。
- 解理性。这是正确切割宝石的一个非常重要的特性。
- 比重。特定的比重可用于鉴定宝石。
- 导热性。在钻石鉴定方面特别重要，可以用来区分钻石及其仿制品。
- 颜色。为了描述颜色，通常需要使用GemeWizard系统。该系统可以区分描述多达1146种不同的颜色。
- 亮度。它是从宝石内部反射出来的光线。不要与光泽混淆，光泽是从切割后的宝石表面反射出来的光线。
- 透明度。就宝石而言，透明度取决于宝石内含物的数量和宝石本身的厚度。

有时候，由于宝石的结构特点、内含物或其缺陷，人们创造出一些特殊的光学效果，它们对宝石至关重要。

特殊光学效果

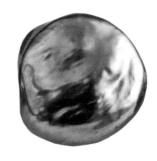

星芒

宝石内有针状的内含物，指向两三个方向。当光线在宝石上反射时，会产生星形的闪光。有时在同一块石头上可能会出现不止一颗星。想要欣赏到这种瑰丽的奇观，宝石必须被切割成圆形。

猫眼

宝石有针状或细管状的内含物，只朝向一个方向。因此，当光线反射到宝石上时，会产生一条狭窄、发光且移动的线或区域，类似于垂直反射。石英、石榴石等都是非常典型的有这种反射的宝石。有这种现象的宝石是被凸圆形切割的。

乳白

宝石有分散的内含物，促使其呈浑浊或乳白色。顾名思义，被称为蛋白石的矿物最为典型。这种光泽也存在于乳白色的石英或月光石中。

虹彩

宝石有裂缝、断裂或剥落，就会产生该现象。因为宝石对光的干扰，产生了多个反射。虹彩在自然界极为常见（例如在蝴蝶翅膀上），如蛋白石等一些矿物中。

冰长光彩

宝石有分散的颗粒或片状结构，形成一种内含于宝石的蓝色或白色光芒。它的名字来自冰长石，冰长石是一种长石类的宝石。

砂金效应

宝石中含有云母或赤铁矿板块的内含物，可形成类似小火花的效果。当被移动时，宝石好似在闪光。

色彩游戏

蛋白石由于其内部的硅球呈分层排列，产生光的衍射。当宝石被移动时，人们会产生一种颜色"变亮"或"变暗"的感觉。

拉长晕彩

宝石中产生一种金属外观的多色反射，有时会出现完整的彩虹。这种反射最常见的是蓝绿色的，在金红石等矿物中很常见。

雕刻和打磨

雕刻和打磨的目的是在颜色、亮度、透明度和光散射等方面，突出宝石的自然特性。这个过程被称为宝石雕刻，由3个阶段组成：切割、粗加工以及刻面和抛光。在开始介绍工艺前，我们必须了解将要处理的宝石的物理特性和光学特性，因为这些特性将决定我们用何种方法处理宝石。

切割方式主要有两种：凸圆形切割，采用此方式的宝石表面呈弧形；平面切割，此方式使宝石表面平整。

凸圆形切割主要适用于不透明或半透明的宝石，也适用于那些要突出上述特殊光学效果的宝石。具体来说，这种类型的切割有3种类型：单面切割，即一面是平的，另一面是弯的；双面切割，即两面都是弯的；空心切割或凹陷切割，即两面都是弯的，一面是凹的，另一

上图为采用凸圆形切割的红宝石；下图为采用平面切割的画廊式切割法的绿宝石。

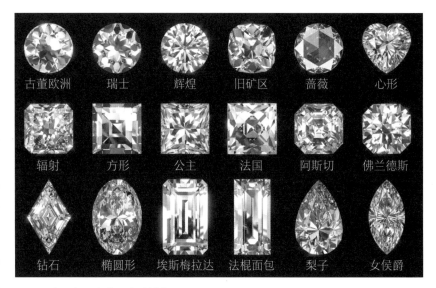

钻石及其他宝石的常见雕刻样本。

古董欧洲	瑞士	辉煌	旧矿区	蔷薇	心形
辐射	方形	公主	法国	阿斯切	佛兰德斯
钻石	椭圆形	埃斯梅拉达	法棍面包	梨子	女侯爵

面是凸的。

平面切割一般适用于透明宝石。其方法有许多种，最著名的无疑是明亮式切割法。这种切割方法是切割钻石的最常见方法，产生一个圆形的冠面或上端面，所涉及的刻面有57或58个（取决于下端点是否被截断）。这种切割方法也可以应用于其他宝石的切割。从这种明亮式切割法衍生出的其他切割方法具有相同或非常相似的刻面分布，这些刻面呈椭圆形、带尖头的椭圆形（榄尖形）、心形或梨形冠，而绝非圆形。

画廊式切割法是另一种非常流行的平面切割法。在这种切割方法中，刻面形成平行边缘的长梯形。这是典型的祖母绿的切割方法，也适用于其他彩色宝石。

采用剪刀式或十字式切割法，刻面呈长方形，顶点被切断，顶部刻面呈交叉三角形。采用公主式切割法，刻面呈方形或长方形，底部有不同数量的刻面。对于吊坠来说，经常使用的是梨形切割法，宝石轮廓为梨形，整个表面均为刻

面。巴里昂式和雷迪恩式切割法也很常见，前者让宝石轮廓呈八角形，拥有祖母绿式的刻面；后者使宝石拥有交叉刻面。

宝石处理

有时人们会对宝石进行特殊处理，以改善其外观，特别是其颜色、光泽、透明度和质地。经过这些方法处理的宝石，仍然属于天然宝石。人们应该在宝石销售时提及这些处理方法，具体处理方式如下。

- 填补裂缝。宝石内部有一些不规则的地方影响了宝石的透明度，这种现象非常常见。为了提高宝石透明度，人们会使用油、人造树脂或玻璃填充裂缝。例如，在祖母绿中用填充油。这种处理方法相当常见，一般被认为是一种轻度处理法。
- 表面浸渍无色物质。有时宝石会被人们浸渍在蜡或塑料物质中以防止其变色。这种处理方式常适用于绿松石和孔雀石。

绿松石是宝石，由于其成分改变，极易于改变颜色。为了防止这种情况的发生，绿松石会被涂上一种无色物质。

- 加热。这样做是为了强化宝石颜色。这是一种稳定且永久的处理方法，不需要任何特殊的要求，通常适用于所有类型的石英、红宝石、坦桑石、海蓝宝石和蓝宝石。
- 漂白。此处理方法适用于珍珠。

除此以外，还有其他处理方法，但须在宝石上标明"经过处理"。当宝石裂缝较大时，往往使用的填充材料是玻璃。当宝石被深层浸渍时，处理手段也可采用填充。此外，其他方式还包括染色和用有色物质浸渍。具体来说，就是给宝石全部或部分涂上一层薄薄的油漆，用激光处理去除深色内含物，用放射性粒子照射和用热扩散法进行颜色处理。

最珍贵的宝石

在宝石的世界里，有4位无可争议的"女王"：钻石、祖母绿、红宝石和蓝宝石。

钻石的价值是基于4个因素——重量、颜色、纯度和切割决定的。重量以克拉表示，每克拉对应0.2克。在颜色方面，可区分的颜色多达22类，从纯粹的无色到淡黄色，颜色鲜艳的钻石也存在，称为花式钻石，但在自然界中非常罕见。纯度用于衡量是否存在内含物及其数量。切割的评判标准是比例、对称性和抛光。

祖母绿有鲜明的草绿色，是一种极为珍贵的宝石。祖母绿的质量是根据与钻石相同的参数来衡量的。但对祖母绿来说，颜色优先于其他因素。最

有价值的祖母绿有非常强烈的绿色色调；那些较为苍白或非常暗的色调以及具有黄色或蓝色色调的宝石的价值往往较低。

图中的3件珠宝汇集了宝石学中最珍贵且最有价值的4类宝石：钻石、祖母绿、红宝石和蓝宝石。

红宝石是一种红色的刚玉，从非常浓烈的红色（"鸽子血"）到橙色、棕色、紫色不等。对红宝石来说，在颜色之后，纯度是下一个需要考虑的因素。由于完全纯净的红宝石极为罕见，即使是高价的宝石，也允许有一定数量的内含物。

蓝宝石，是除红宝石外所有宝石学上的刚玉。目前，最受欢迎的是来自斯里兰卡、肯尼亚、坦桑尼亚、尼日利亚和马达加斯加的蓝色蓝宝石，来自澳大利亚的黄色和绿色蓝宝石，以及来自斯里兰卡的著名橙色蓝宝石。

其他有价值的宝石

其他具有宝石学意义的宝石已经在关于矿物的章节中有所陈述。其中最受欢迎的有以下几种：

- 海蓝宝石（蓝色）、日光石（黄色）和摩根石（粉红色），这几种宝石都属于绿柱石。它们的质量差异是以颜色的浓烈程度、透明度和尺寸为标志的。

- 黄玉，有各种各样的颜色。从黄色到粉红色、橙色（帝王色）、棕色、蓝色和无色，后者在自然界中储藏量最为丰富。而最受追捧的则是粉红黄宝石和橙色（帝王色）黄宝石。

- 绿松石，具有特有的蓝色调，以及从极浅到深的绿色调。通常要经过蜡或塑料的表面浸渍处理，以强化或保持其颜色。

- 石榴石，最常见的是红色，但也有绿色、黄色、橙色、肉桂色和紫色等。

- 尖晶石，粉红色和红色的是最常用于珠宝装饰的。

- 黄绿色的金绿宝石、猫眼石和亚历山大变石，这是3个最受欢迎的金绿宝石品种。

- 紫水晶、黄水晶、准水晶和透明石英或岩晶石，这些宝石都是石英结晶。

- 玛瑙、玉髓、碧玉和虎眼石，都是石英的隐晶品种。

- 蛋白石，唯一呈现出被称为"色彩游戏"的光学效果。蛋白石有无穷无尽的色调，其中黑色的蛋白石是最受欢迎的。

- 青金石，有深浅不一的蓝色，常常被雕刻成凸圆形。

- 月光石，是一种具有特殊光芒的正长石品种。

- 砂金石或太阳石，是有着各种不同的颜色的长石，而目前市场上销售的大多数砂金石都是人造的。

- 赤铁矿，其颜色为黑色，具有金属光泽。

- 玉，有很多颜色，但最受欢迎的是所谓的帝王玉，具有绿色调。御用玉石，有非常强烈的绿色调。

- 孔雀石，用于制作珠宝和装饰品。

- 坦桑石，是黝帘石的一个品种，有紫褐色和蓝色。通常经过热处理才能获得这些颜色。

- 紫锂辉石和翠绿锂辉石，分别是锂辉石的紫色和绿色品种。

- 橄榄石，其颜色为橄榄绿色。

- 罗丹石，其颜色为偏红或偏粉，通常被切割成凸圆形。

- 蛇纹石，其颜色为绿色，有时带有白色的斑点。

图中所示为常用于珠宝装饰的宝石，包括紫水晶、青金石、黄水晶、亚马孙石、玛瑙石、玉髓石、拉布拉多石和玫瑰石英。

珍珠

珍珠是由一些软体动物,如牡蛎,产生的球体。事实上,珍珠的产生与动物的防御机制有关。当异物进入贝壳时,动物通过分泌连续的珍珠层来隔离它,直到完全覆盖异物。然而这是一个缓慢的过程,因为它可能需要长达10年的时间才能生产出适合珠宝加工的珍珠。

当珍珠与光线相互作用时,会产生一种被称为"东方"的特殊光辉。通过这种光辉效果,以及珍珠的颜色、大小和形状就可以判断珍珠的质量。

有以下几种牡蛎可以生产出宝石级的珍珠。

- 射肋珠母贝,通常被称为黎安贝,生长于日本和委内瑞拉,会产出绿色的珍珠,直径小于10毫米。
- 合浦珠母贝,产自红海、波斯湾和斯里兰卡,可以生产质量极优的珍珠。
- 大珠母贝,可以生产最大的珍珠,直径在12~20毫米;银唇品种大珠母贝生活在澳大利亚,金唇品种大珠母贝生活在印度尼西亚、泰国和缅甸。

- 珠母贝,被称为黑唇牡蛎,生活在波利尼西亚、库克群岛、澳大利亚和波斯湾,可以生产各种黑色调的珍珠。
- 企鹅珠母贝,被称为黑翅珍珠牡蛎,生产马贝珍珠,生活在塞舌尔群岛、所罗门群岛、日本、越南和泰国。

如今,市场上的大多数珍珠都是养殖的,养殖所用的软体动物与自然界生产珍珠的相同。人工养殖可以在盐水或淡水中进行,养殖珍珠通常经过各种处理,主要是改变珍珠颜色。

合成石

在宝石学中,人们使用各种方法来获得与天然宝石相似的宝石,这些宝石在价格上与天然宝石竞争。人们还想方设法地获得自然界中不存在的产品,其外观或特性类似于高价值的宝石。最常用的方法有:

- 熔融物质。这是合成过程,在这个过程中,一种材料被熔化,其化学成分与要达到的宝石相同,需要添加色素。当最终产品被冷却时,物质就会结晶。这种方法会被用来制造红宝石、蓝宝石(甚至有星形效果)、亚历山大变石、尖晶石和锆石。
- 熔融混合物。采用此方法需要成分和熔点比低的助焊剂。混合物被加热至所有物质都熔化,然后让其在先前放置在较低温度区的核或"种子"上结晶。这种方法

铂金戒指,镶有粉色珍珠。

黑珍珠,产自法国大溪地(塔希提岛)。

左边是金色珍珠;右下方是白色珍珠。

珍珠的形状

囊状珍珠
圆形、卵圆形或梨形的珍珠,完全由珍珠层包裹,在珍珠囊中形成的。

泡状珍珠
具有半球形外观的珍珠,只在上部有珍珠母,附着在贝壳的内侧形成的。

巴洛卡
不规则形状的囊状珍珠。

用于处理祖母绿、红宝石、蓝宝石、亚历山大变石和尖晶石。

- 水热法。在酸或碱介质中经受400℃～700℃的温度和500～1500帕大气压的压力，原本在大气条件下不溶或难溶的物质溶解了，被输送至低温环境内形成饱和溶液，继而结晶。这种方法可以用于生产祖母绿、红宝石、海蓝宝石、绿宝石、黄水晶和其他石英。

- 陶瓷合成法：通过加热，有时加压，无机化合物还原成粉末。这种方法可以用于合成绿松石和青金石。

- 高压、高温法。这种方法用于合成工业钻石。在1400℃的温度和55千帕的压力下，部分碳和助焊剂金属可合成工业钻石。

- 化学气相沉积法。这种方法也用于合成工业钻石，它是基于甲烷和氢气的混合物，通过电离释放碳离子，这些碳离子沉积在一个小小的钻石核心或"种子"上。

- 蛋白石合成法。这种方法用于人工合成这种蛋白石。先生产相同大小的二氧化硅球体，再有序包裹，填充空隙，最后加压压实。

由人造石制成的成套耳环和吊坠。

其他有机材料

除了珍珠之外，其他有机材料也被用于珠宝制作。有机材料主要有琥珀、煤玉、珊瑚和象牙。

琥珀是一种源于植物的树脂化石，其成分和硬度因其产地而异。颜色也多种多样，取决于形成它的树木；其中最常见的是各种色调的黄色，从最浅的黄色到橙色，还有棕色；比较罕见的有红色、绿色、蓝色、紫色、黑色甚至乳白色。

煤玉是一种颗粒非常细小、紧凑的褐煤品种。它的颜色如天鹅绒，不透明，但经过抛光后会变得很有光泽。

珊瑚是来自于海洋无脊椎动物的骨架。它的颜色从非常淡的粉红色（在珠宝界被称为"天使的皮肤"）到非常深的暗红色都有。那些中间偏红的和橙色的珊瑚不太受欢迎，往往要经过染色处理，以提高其宝石质量。而蓝珊瑚极为珍贵。

从上到下，依次为由琥珀、煤玉、红珊瑚和象牙制成的首饰。

这些有机宝石中，最后一种是象牙。象牙是一种坚硬、紧凑、白色，有时略带黄色的材料，具有奶油色的光泽。真正的象牙是从大象，主要是非洲象的牙中获得的，但河马、疣猪、海象、独角鲸和抹香鲸的牙也属于这一类材料。

化石

　　地球的内部和外部结构由矿物和岩石组成。这些矿物和岩石为科学家的研究提供了地球从其形成到今日的地质史数据。除了矿物和岩石，还有一种物质，它和沉积岩相关：在沉积岩中保存了过去生活在地球上的生物、动物和植物的遗迹。这种物质就是化石。

什么是化石？

　　化石就是数百万年前居住在地球上的生物体的石化残骸，或者是活动中留下的脚印及其他石化痕迹。例如，暴龙的头骨或它印在岩石上的脚印。事实上，化石就像无字的档案，记录了地球生命是如何出现、多样化发展，也记载了它的年龄及地质演变。

一块化石，比如这块蜻蜓化石，只有当自然界所有破坏遗骸的机制都失效时才可能形成。

化石研究属于古生物学。这门科学与生物学直接相关，提供有关已灭绝生命形式的信息：起源和外观、身体结构、习惯、发展成长的环境、与当时其他生物的关系、持续时间、灭绝和一般生物分类系统中的位置。在地质学方面，化石的发现有助于确定它们所处的沉积岩的年代，并了解所发生的变化。例如，如果在大陆地层中发现了化石贝壳，则意味着该地区过去曾被海洋覆盖。简而言之，古生物学提供有关生物进化和生态演替的信息。

石化的过程

动物或植物死亡，其残骸通常会在细菌和其他自然、生物或机械因素的作用下分解。但如果这些遗骸很快被沉积物掩埋，就有可能变成化石。一般来说，化石只保存动物或植物的坚硬部分（脊椎动物的骨骼、软体动物和甲壳类动物的壳、树干），但在一些特殊情况中，柔软部分也有可能被保存下来，例如：昆虫被困在琥珀（树脂化石）中，它们甚至保留了原来的颜色；保存在隔绝氧气的沥青沉积物中的动物和植物；在非常薄的沉积物中保存的生命体痕迹或西伯利亚冰冻

一块波罗的海琥珀化石，其中有一只蚊子。

泥煤土中的长毛猛犸象木乃伊。这种情况不是通常理解的"石化"过程，而是类似于冷藏保存。

生物体坚硬部分的石化和保存过程指的是矿物化合物代替有机物，从而保留其自身的解剖学或形态学特征。硬质部分的这种"矿化"可以通过以下任何一种化学机制进行：

• 碳化。碳化作用是最常见的机制，包括以方解石形式的碳酸钙取代有机物残骸。这一过程在许多无脊椎动物中很常见，因为这些无脊椎动物的壳和甲壳都是由方解石组成的。珊瑚的骨架同样如此，所以珊瑚骨架的化石化速度非常快，可以很好地保存下所有细节。具有文石形式的碳酸钙外壳的软体动物也会被转化为方解石。

碳化形成的珊瑚化石

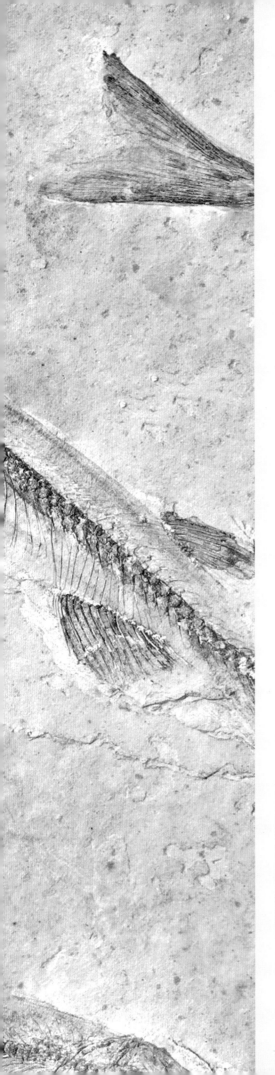

- 硅化。在某些情况下，二氧化硅会产生用作石化剂的化学溶液。这一过程常见于有孔虫、棘皮动物、腕足动物、腹足动物、菊石以及树干和树枝。

海胆化石，白垩纪时期的棘皮动物化石。

- 黄铁矿化。生物在缺氧的海洋环境中死亡和分解时，会产生硫化氢，与海水中的铁盐反应，生成硫化铁（通常是黄铁矿和白铁矿），取代有机物。

- 碳酸化。这一过程常见于纤维素组成的植物和由甲壳素构成外骨骼的节肢动物残骸。当植物残骸在缺氧环境中积累时，它们首先会产生腐殖质，如果这个过程继续下去，沉积物积聚，压力增加，而其余的有机成分会被碳取代；最终产生碳。

碳样本中的蕨类植物化石

黄铁矿化的菊石，黄铁矿使贝壳呈现金属外观。

- 磷酸化。这是脊椎动物中最常见的石化系统。磷酸钙是骨骼部分的主要成分，充当化石填充剂进入骨骼内部的孔隙。

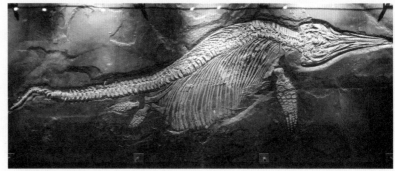

鱼龙（水生爬行动物）化石

石化的一般过程图示

无论发生何种类型的化学矿化，一般的石化过程总是以大致相同的方式分几个阶段进行，如下图所示：

1. 动物死亡，其尸体留在水中。

2. 尸体上布满沉积物，柔软部分分解，动物成为化石。

3. 沉积物变成岩石，骨骼被覆盖。

 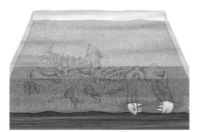 

4. 地质运动将岩石层提升到表面。

5. 岩石被侵蚀，动物化石显露。

一般来说，这种石化过程需要很长时间，让有机残骸完全嵌入沉积物中。大部分情况下，生物体的孤立部分被保留下来，如植物的茎、叶或花粉，或动物散落的牙齿和骨骼。

微体化石

有时，由于化石尺寸很小，肉眼无法看到，因此这类化石称为微体化石。实际上，这些微体化石和大型化石之间并没有显著差异，唯一的区别在于研究方法。在这种情况下，准备工作是通过压碎或分解等方法，将化石与包含它们的岩石分离。

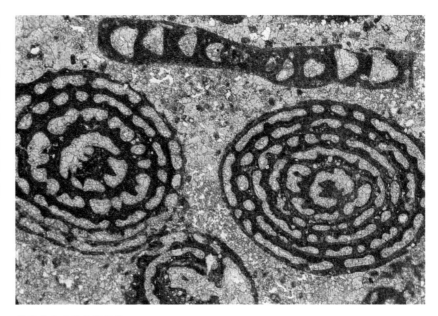

货币虫化石的显微照片

微体化石包括原生动物（放射虫、有孔虫、鞭毛虫等）、一些无脊椎动物或者它们的一部分（介形类甲壳动物、海绵孢子或某些棘皮动物的骨板）、小型脊椎动物（锥虫）以及孢子和花粉粒。

化石的种类

目前，在所有可见到的石化案例中，生物体在石化过程中，其整个有机体或部分有机体被矿物化合物取代。

最常见的是原始生命体的有机部分被破坏，只保留了它的外部或内部形式，即它的"模子"。生物体的印记或痕迹留在岩石中，反映了它的外部形状和/或构造，这种形式称作外模。内模是通过在生物体腔内部填充一些材料而形成的，当生物体的外壳或骨骼部分溶解后，填充物被压实。通过这种方式，人们可以详细地复原其内部结构进行科学研究。

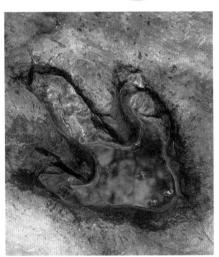

几个恐龙化石的样本，从上到下：粪化石、脚印化石和巢中的恐龙蛋化石。

如果生物体遗骸没有被保存下来，但留存了他们活动的迹象，例如在地面硬化之前在上面留下的足迹，在泥土或沙子上爬行的痕迹，化石蛋、排泄物或者动物从岩石中挖出的通道。所有这些活动化石都被称为遗迹化石。

三叶虫的外模

什么是标准化石？

科学家开始以科学的标准研究化石时，发现在某一地层或一组地层中，化石与在其上层或下层中的不同地质年代的化石不一样，这种现象不曾重复。

因此，标准化石或特征性化石的概念产生了，它可以相当精确地确定化石所在地层所属的地质年代，因为该化石只出现在那个时代的地层中。

一块化石被认定为"标准"，必须满足以下条件：

- 属于一个快速进化的谱系（在短时间内变化很大）。因此，它将出现在有限的地层中。
- 属于一个地理上分布广泛的谱系，即它们出现在彼此相距很远的地点，并有助于建立它们的关系。
- 常见且容易找到的生物群体，即数量众多且易形成化石。

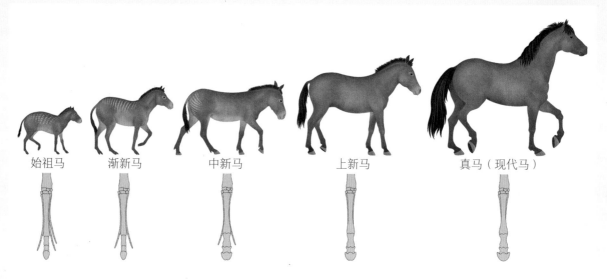

始祖马　　渐新马　　中新马　　上新马　　真马（现代马）

第三纪时期马科动物进化，出现了一系列分支，它们经过进化直到变成现在的真马。这些变化包括体形逐渐增大，四肢变化，侧趾逐渐缩小。每种马都有特定地质时期的特征：始祖马，来自始新世；渐新马，来自渐新世；中新马，来自中新世；上新马，来自上新世；真马或现在的马，来自第四纪。因此，发现它的遗骸有助于确定发现它所在地层的年代。

什么是指相化石？

除了标准化石外，其他化石也可提供了它们所在地层的信息。不过在这种情况下，获得的数据与它们的年龄无关，而与它们形成的环境条件有关。这类化石称作指相化石。

成为指相化石的条件有两个：其一，它属于一种动植物有机体；其二，这种生物体有非常精确的生存条件，并且对其环境中发生的极微小的变化非常敏感。例如，珊瑚是非常娇嫩的，不能承受低于20℃的水温。因此，如果在某块岩石中发现了珊瑚化石，就意味着它是在气候温暖的时期形成的，并且在它形成时该区域被海洋所覆盖。这两个条件是推进古生物学进步的重要因素。

"其他" 化石

此外，还有一个有趣的概念，即活化石。这个名称，不是一个科学术语，是指直至目前几乎没有随着时间的推移而进化的物种，并且与其他仅通过化石才知道的物种非常相似。一般来说，这个概念适用于那些早被认为灭绝但现在又发现活体标本的动植物有机体，例如腔棘鱼，以及那些曾经数量非常丰富，但现在孤立生存在非常有限的环境中的物种，例如银杏或百岁兰。

假化石，或称为伪化石，它们是在岩石中形成的矿物，具有生物的外观，但实际上并非生物。最著名的例子是焦闪石（氧化锰）枝晶，它以与植物树枝相同的排列方式分布在岩石上。

被认为是活化石的两个最具特色的物种：上图是银杏，它出现在2亿年前的三叠纪，是银杏家族中唯一幸存的物种，在侏罗纪期间分布最广；右图为腔棘鱼，它被认为自第三纪以来就已经灭绝，直到1938年发现了第一个活体标本。

它们看起来像植物的化石，但它们不是。实际上，它们是一种矿物，称作焦闪石枝晶，通过岩石裂缝溶解在水中时会形成丝状结构。

无脊椎动物化石

无脊椎动物是构成地球生物多样性的重要部分，它们的化石在总记录中是最丰富的。最古老的化石可以追溯到大约 5.7 亿年前，即古生代寒武纪初期。此外，它们形状大小各异，包含从微观生物到具有直径约2米的螺旋壳的菊苣头足类动物。在这些化石中，有人们所知的所有已灭绝的物种，例如海绵、珊瑚、海星、海胆、软体动物和节肢动物。毫无疑问，数量最多的是软体动物，它们从寒武纪开始有了很大的发展。菊石和箭石类动物属于这一类，还有一个属——鹦鹉螺，它有3个现在依然存活的种类，被认为是活化石。在节肢动物群中，三叶虫尤为重要，它有近4000种，大约在2.5亿年前消失，其结构与现在的潮虫相似。

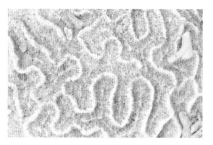

卢布林珊瑚
泰国卢布林
门：刺胞动物
纲：珊瑚
栖息地：水生
时期：石炭纪中期

珊瑚化石
门：刺胞动物
纲：珊瑚
栖息地：水生
时期：渐新世

珊瑚化石

石珊瑚
门：刺胞动物
纲：珊瑚
栖息地：水生
时期：白垩纪

海绵化石
门：多孔动物
栖息地：水生
分布：全球
时期：寒武纪至白垩纪

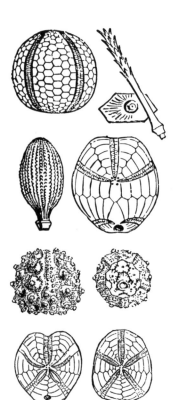

图为形状和大小各异的海洋化石。

其他无脊椎动物化石	
虹吸海绵	**膨胀海绵**
门：多孔动物	门：多孔动物
栖息地：水生	栖息地：水生
分布：欧洲	分布：欧洲和中国
时期：早白垩纪	纪元：二叠纪至始新纪

图为澳大利亚新南威尔士州阿勒达拉的腕足动物化石。

腕足动物小嘴贝的化石

侏罗纪腕足类动物
门：腕足动物
栖息地：水生
时期：侏罗纪

石燕化石
门：腕足动物
栖息地：水生
分布：全球
时期：中奥陶纪至三叠纪

腕足类
门：腕足动物
栖息地：水生
时期：古新世

腕足类化石
门：腕足动物
栖息地：水生
时期：志留纪

海星
门：棘皮动物
纲：海星
栖息地：水生
时期：奥陶纪

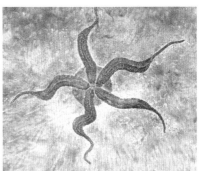

砂岩上的海星化石

1.7亿~1.66亿年前的海星

海星化石

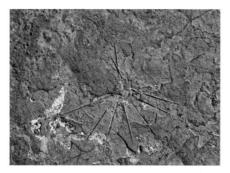

萨莱尼亚刺海胆
门：棘皮动物
纲：海胆
栖息地：水生
时期：白垩纪

海胆化石

异体海胆
门：棘皮动物
纲：海胆
栖息地：水生
时期：晚白垩纪

钳蝎化石
门：螯状节肢动物
时期：晚新石器时代

侏罗纪海百合
门：棘皮动物
纲：海百合
时期：侏罗纪

松球海百合
门：棘皮动物
纲：海百合
栖息地：水生
时期：泥盆纪

海蝎
门：节肢动物门螯肢亚门
栖息地：水生
时期：新石器时代

纺锤虫
纲：有孔虫
栖息地：水生
时期：石炭纪
至二叠纪晚期

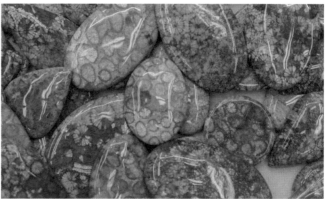

货币虫
纲：有孔虫
尺寸：贝壳直径最大为6厘米
栖息地：水生
分布：现在的地中海附近
时期：古新世和始新世（6600万~4000万年前）

其他无脊椎动物化石

笔石	苔藓动物
门：半脊索动物	门：苔藓虫
栖息地：水生	栖息地：水生
时期：寒武纪	

在澳大利亚新南威尔士州阿勒达拉的二叠纪粉质岩中发现的苔藓虫化石，又称为海扇。

在德国霍弗市发现的箭石

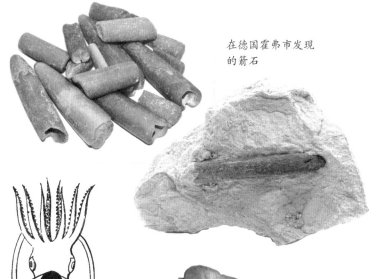

虾化石
门：节肢动物　栖息地：水生
纲：甲壳　　　时期：晚白垩纪

箭石
门：软体动物
纲：头足
栖息地：水生
时期：泥盆纪至白垩纪

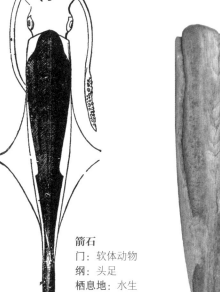

海百合
门：棘皮动物　栖息地：水生
纲：海百合　　时期：晚奥陶纪

海洋蜗牛
门：软体动物
纲：腹足
栖息地：水生
时代：白垩纪

鹦鹉螺
门：软体动物
纲：头足
栖息地：水生
时期：下石炭纪至始新世

心蛤
门：软体动物
纲：双壳
栖息地：水生
时期：志留纪

直角石
门：软体动物
纲：头足
栖息地：水生
时期：奥陶纪至三叠纪

菊石
门：软体动物
纲：头足
栖息地：水生
分布：全球
时期：中泥盆纪至晚白垩纪

菊石的3D复原

泰国的双壳纲动物化石

海扇化石
门：软体动物
纲：双壳
栖息地：水生
分布：北美
时期：上新世早期

三叶虫
门：节肢动物
栖息地：水生
时期：寒武纪至上二叠纪

斯普里格蠕虫
门：可能是环节动物
时期：新元古代

腹足动物化石
门：软体动物
纲：腹足
时代：始新世

始新世腹足
动物化石

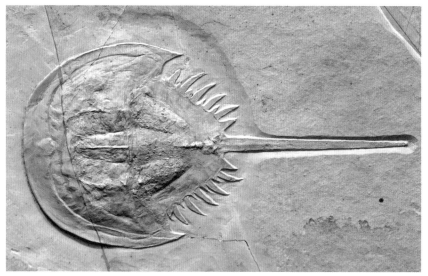

马蹄蟹（中国鲎）化石
门：节肢动物门螯肢亚门
栖息地：水生
分布：欧洲
时期：侏罗纪晚期

脊椎动物化石

大约5.2亿年前的寒武纪时期，地球上出现了第一批脊椎动物。最早的脊椎动物是没有下颚骨和牙齿的鱼，有软骨骨架，以吸食水中的微小颗粒为食。在大约3.7亿年前，两栖动物是最早探索大陆的动物，但陆地真正的征服者是爬行动物，它们的种类多样，不仅统治了陆地，还征服了天空和海洋。经过1.4亿年的进化，鸟类完善了飞行能力。然而从进化上讲，能力最强的群体，毫无疑问的是出现在三叠纪末期的哺乳动物。虽然脊椎动物是我们最了解的动物，但它们的化石残骸数量并不多。通常情况下，可以发现的是散落的、支离破碎的骨骼、牙齿和皮肤结构，如角质鳞片、羽毛或角鞘，而所有骨骼相连的完整个体并不常见。尽管存在困难，但人们仍然可以通过与现今存在的脊椎动物的群体进行比较的方法，来识别脊椎动物的化石。

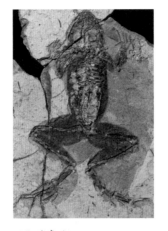

石化的青蛙

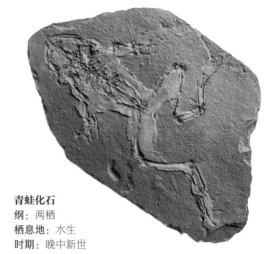

青蛙化石
纲： 两栖
栖息地： 水生
时期： 晚中新世

白鲟化石
纲： 真骨鱼
栖息地： 水生
分布： 北半球
时期： 三叠纪

西蒙螈
纲： 四足
栖息地： 陆地
分布： 欧洲和北美
时期： 晚二叠纪

鳐鱼或电鱼
纲： 软骨鱼
栖息地： 水生
时期： 古新世

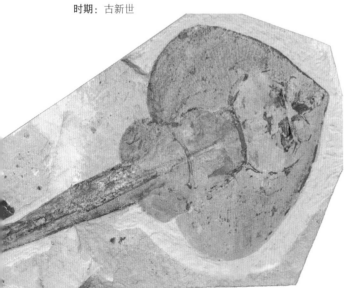

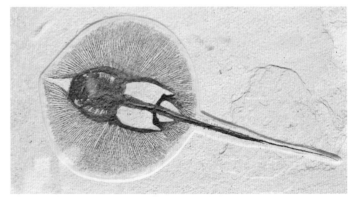

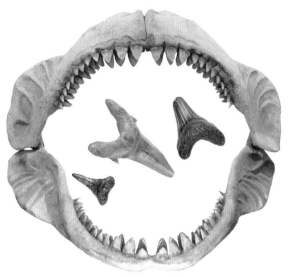

鲨鱼（巨齿鲨）化石
纲：软骨鱼
栖息地：水生
时期：中新世至上新世

鲨鱼牙齿化石

鲱鱼
纲目：硬骨鱼纲鲱形目
栖息地：水生
时期：始新世

长鳍蝙蝠鱼
纲：真骨鱼
栖息地：水生
时期：下始新世

龟化石
类别：爬行动物
栖息地：水生
时期：上三叠纪

鲶鱼（角鱼）化石
类别：真骨鱼
栖息地：水生
分布：意大利
时期：中始新世

鹦鹉嘴龙
纲：爬行动物（角龙目恐龙）
栖息地：陆地
分布：亚洲
时期：白垩纪早期、中期

霸王龙
纲：爬行动物（兽脚亚目恐龙）
栖息地：陆地
分布：北美和亚洲
时期：白垩纪晚期

迅猛龙
纲：爬行动物（兽脚亚目恐龙）
栖息地：陆地
分布：亚洲
时期：白垩纪晚期

翼手龙
纲：爬行动物
栖息地：空中
分布：欧洲和非洲
时期：侏罗纪晚期

三角龙
纲：爬行动物（角龙类恐龙）
栖息地：陆地
分布：北美
时期：白垩纪晚期

中龙
纲：爬行动物
栖息地：水生
分布：南美洲、南非、澳大利亚南部
时期：二叠纪早期

鳄鱼化石
纲：爬行动物
栖息地：海岸附近的湖泊
分布：法国
时期：白垩纪

原羽鸟
纲：蜥形纲（爬行纲）反鸟亚纲
分布：中国
时期：白垩纪早期

始祖鸟
纲：蜥形纲双孔亚纲
分布：欧洲
时期：侏罗纪晚期

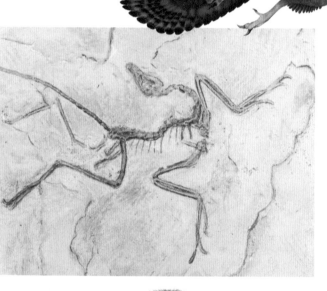

剑齿虎
纲目科：哺乳纲食
肉目猫科
栖息地：陆地
分布：美国
时期：上新世晚期

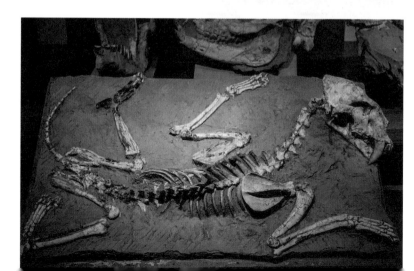

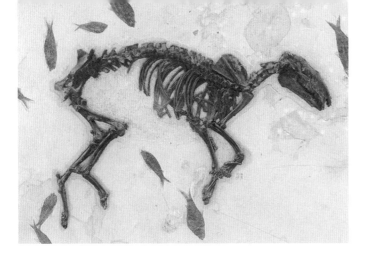

始祖马
纲目科：哺乳纲奇蹄目马科
栖息地：陆地
分布：北美
时期：始新世

洞熊
纲目科：哺乳纲食肉目熊科
栖息地：陆地
分布：欧洲
时期：更新世晚期

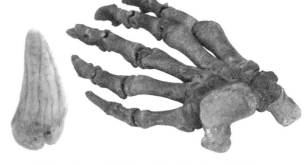

洞熊的头骨、牙和腿的化石。洞熊是更新世的，
来自喀尔巴阡山脉某地，今属罗马尼亚。

猛犸象
纲目科：哺乳纲长鼻目象科
栖息地：陆地
分布：欧亚大陆、北美、非洲
时期：更新世到全新世

猛犸象的头骨
和牙齿样本

植物化石

杜鹃花化石

　　研究植物化石遗迹的科学被称为古植物学。这种化石的发现、研究和识别的最早记录可以追溯到公元前6世纪，当时希腊哲学家色诺芬尼在帕罗斯岛上发现了一些月桂属的叶子化石。许多世纪后的1709年，瑞士医生、自然学家约翰·雅各布·舒泽（1672—1733）出版了第一部古植物学汇编，而这门科学的真正创造者是亚历山大·布隆尼亚特（1770—1847）。

石灰石上的叶子化石

水生植物菊花的化石，仅在寒冷水域中生存。

　　植物的石化比动物的石化要困难得多，因为它们的组织更脆弱；只有纤维素含量更高的植物元素更容易变成化石。要发生这种石化过程，必须保证两个条件：第一，短时间内完成保存，因为植物很容易由于环境中的外部因素而被破坏；第二，这些植物或其部分需要处于防止其分解的环境中。

　　植物中最常见的石化过程是：

• 矿化。当含有二氧化硅或溶解的钙盐的水沉淀、浸渍在这些植物上时，植

在摩洛哥发现的化石

木头化石的残骸

三叠纪时期的树干化石，位于美国亚利桑那州纳康德公园内。

物的有机质被破坏，它的外部形态就会印在沉淀物的表面上。

- 碳酸化。当植物在缺乏氧气的沼泽环境中死亡时，纤维素成分会缓慢分解并释放出甲烷和二氧化碳。

- 压印。植物死亡后在它所在的岩石上留下印记。

- 模型。这一过程主要发生在植物的树干上。当它们被深埋在沉积物中时，在有机物破坏后，它们留下的空洞仍然存在，之后被沉积物填充并形成模型化石。

- 保存在琥珀中。植物碎片保存在这种树脂化石中，发生频率比从前低。

树叶化石

石炭纪独有的封印木化石，本是一种树状蕨类植物，高达30米。

树脂化石，即深棕色的琥珀。

鳞木化石，一种高达35米的树蕨类植物，为石炭纪独有。由于树叶脱落时会在树干上留下疤痕，它也被称为"带鳞的树"。

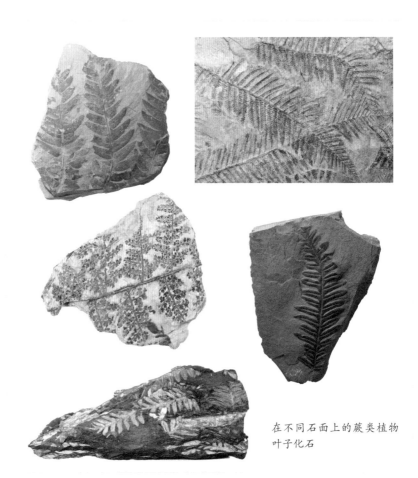

在不同石面上的蕨类植物叶子化石

痕迹化石

　　研究某些生物活动的痕迹化石的科学被称为古生物学。这些痕迹性质多样，从生物移动方式到他们居住的通道，从粪便残留物到胃结石，不一而足。鉴于这些活动痕迹的特性，很容易理解却难以确切判断它们所属的生物体，然而它们确实提供了生物信息，例如行为模式和与环境的相互作用，以及地质信息，例如它们所在的基质的特点。

恐龙脚印

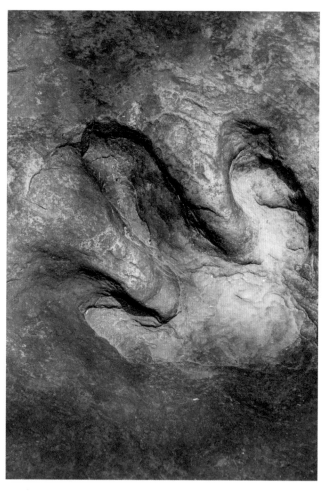

　　无脊椎动物化石的数量最丰富，不仅因为该类别的物种数量远多于脊椎动物，还因为它们生存的生态系统种类繁多，其中一些非常有利于足迹的保护，例如海洋和湖泊环境。

　　软生物的痕迹化石很难形成，却非常有趣，因为这些化石让我们能够从生物的位移、进食、休息等痕迹中推断出它们的特征。就脊椎动物而言，最丰富的化石是踩踏或爬行的脚印或脚印组。其他相对丰富的样本是蛋/卵，尤其是恐龙蛋。粪便化石是生物活动的另一个证据，尽管在这种情况下，通常很难确定它是真正的遗骸还是仅仅是沉积物本身的结构。还有一种痕迹化石是胃石。这些是圆形石头，某些爬行动物和鸟类会摄取它们以促进消化过程并增加它们自身的重量，从而可以更快地浸入水中（例如鳄鱼使用这种方法）。其他痕迹化石还有洞穴和隧道。

来自白垩纪早期的遗迹化石，存在于海洋沉积岩中。这种螺旋"刷毛"的排列与环节动物或节肢动物的摄食结构有关。

三叶虫在古生代海床上爬行的痕迹

中新世哺乳动物的粪化石

大约4.5亿年前留下的蠕虫痕迹化石，位于澳大利亚卡尔巴里国家公园内。

鸭嘴龙的恐龙蛋化石

158 绚丽的矿物、岩石与化石

索引